1. Icosaédrica: tienen veinte caras.
2. Filamentosa: tienen una apariencia lineal, delgada, a modo de hilo. También son conocidas como en forma de barra o helicoidales.
3. Compleja (con cabeza y cola): son una mezcla entre las formas filamentosas e icosaédricas. compuestas por una cabeza icosaédrica unida a una cola filamentosa.

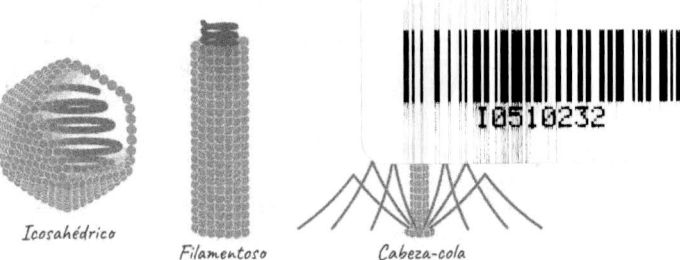

Icosahédrico *Filamentoso* *Cabeza-cola*

Envolturas víricas

Algunos virus tienen una membrana lipídica externa conocida como envoltura , que rodea toda la cápside.

Los virus con envoltura cogen un trozo de membrana de la célula hospedera a medida que salen de ella. Sin embargo, las envolturas contienen proteínas que el virus determina y que a menudo le ayudan a unirse a las células anfitrionas.

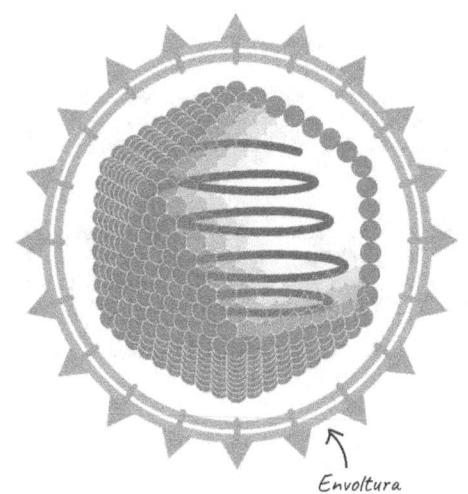

Envoltura

3

Las envolturas son comunes en los virus animales, pero no se encuentran en todos los virus (no son una característica universal de los virus).

Genomas virales

Todos los virus tienen material genético (un genoma) hecho de ácido nucleico (ARN o ADN)

Las células humanas el ADN está compuesto por una cadena doble y el ARN por una cadena sencilla, sin embargo, los virus pueden tener todas las combinaciones posibles de cadenas y de tipo de ácido nucleico (ADN de doble cadena, ARN de doble cadena, ADN monocatenario o ARN monocatenario).

Los genomas virales también vienen en diversas formas, tamaños y variedades, aunque son generalmente mucho más pequeños que los genomas de organismos celulares.

La estructura simétrica de los virus permite su coagulación, como si se tratara de materia no viva. Además, les permite acoplarse a una célula desde cualquier ángulo.

Los virus de ADN y ARN siempre usan el mismo código genético que las células vivas. Para poder hacer más copias de ellos mismos necesitan:

1) Reproducirse dentro de la célula que infecta

2) Esparcirse de un hospedero a otro

3) Evitar ser eliminado por las defensas (sistema inmunológico) del hospedero

Las células maduras del hospedero no están replicándose activamente, se encuentran reposando para ahorrar energía. Por lo tanto, los virus necesitan encontrar la manera de activar el motor de la célula hospedera o, alternativamente, traer consigo los aditamentos de aquellas partes celulares que no están activas cuando el virus entra para producir virus en lugar de nuevas células.

El virus se adhiere a una célula (conocida como célula huésped), penetra en ella y libera su ADN o ARN en el interior. El ADN o ARN del virus es el material genético que contiene la información necesaria para hacer copias del virus (replicación). El material genético del virus toma el control de la célula y la obliga a replicar el virus. Normalmente, la célula infectada muere, dado que el virus le impide realizar sus funciones normales. Antes de morir, sin embargo, la célula libera nuevos virus que infectarán otras células.

Los virus de ARN traen consigo sus propias máquinas de copiado de información genética (ej. enzima RNA-polimerasa) o poseen genes (información genética) que producen las proteínas que se requieren para ensamblar las

4

máquinas de copiado dentro de la célula que infectan, lo que los hace independientes de la maquinaria celular y capaces de infectar células que no están activamente reproduciéndose.

Los científicos estiman que sobrepasan a las bacterias en razón de 1 a 10. Sólo vacunas o medicaciones antivirales pueden eliminar o reducir los síntomas de las enfermedades virales.

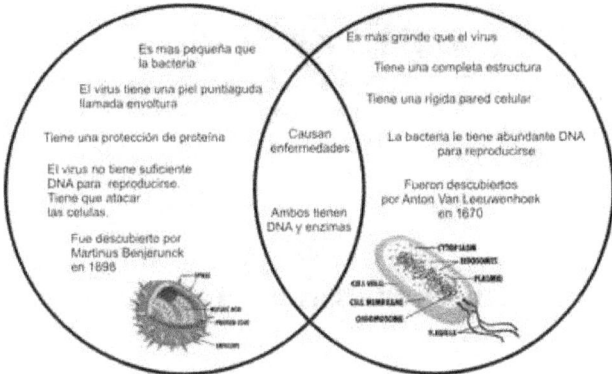

Son submicroscópicos, lo que significa que no se pueden ver en el microscopio. el tamaño de los virus oscila entre 10 y 100 nanómetros, por eso sólo son visibles con el microscopio electrónico.

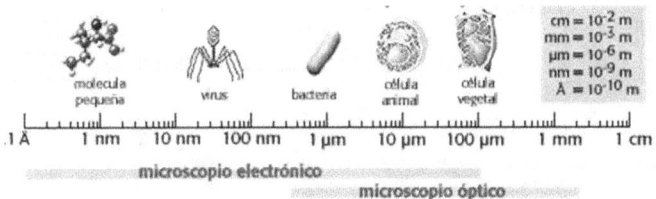

Recientemente se han descubierto los llamados megavirus que se pueden ver incluso con el microscopio óptico y que pueden llegar a tener un gran tamaño, 0,8 micras de diámetro.

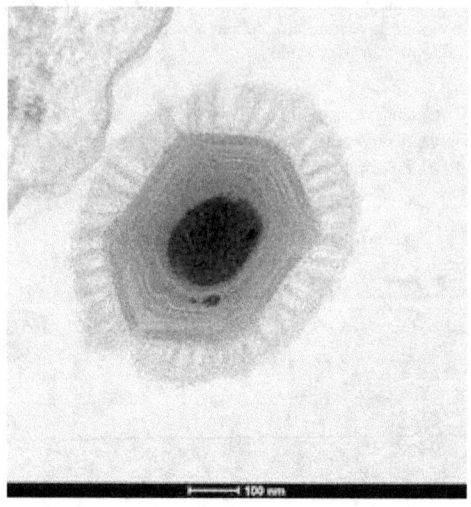

Se diferencian también de las bacterias por el mecanismo mediante el cual nos hacen enfermar, las bacterias, por ejemplo, con sus metabolitos (productos del metabolismo) que pueden resultar tóxicos para el ser humano y los virus pueden destruir células en nuestro organismo durante su proceso de multiplicación, o bien las células inmunitarias producidas por nuestro organismo pueden eliminar las células infectadas con el virus.

Característica Comparativa	Virus	Bacterias
Función Principal	Poseer maquinaria necesaria para su crecimiento y proliferación.	Llevar su ADN y su ARN protegidos por una envoltura de proteína o cubierta membranosa para su reproducción.
Contexto en el que se da	En una célula vegetal o animal.	En el aire, en el suelo y en el agua
Necesidad para vivir	Necesita de una célula para vivir y engañarla para reproducirse.	No necesita nada para vivir.
Reproducción	Reproducción viral.	Reproducción bacterial.

Los virus se clasifican como virus ADN o virus ARN, dependiendo de si utilizan ADN o ARN para replicarse, respectivamente. Los virus ARN incluyen los retrovirus.

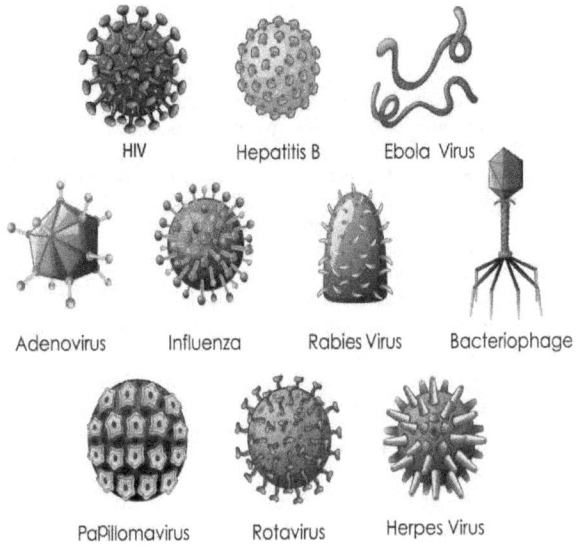

TIPOS DE VIRUS

Existen diferentes tipos de virus, dependiendo de su composición y forma de replicación. Utilizaremos la clasificación de Baltimore, diseñada por el estadounidense David Baltimore.

Virus de ADN:

- ADN bicatenario (Grupo I) de doble cadena, son dependientes de las polimerasas celulares pueden inducir la división celular en las células hospedadoras, de ahí que algunos tengan relación directa con ciertos tipos de cánceres.varicela, el virus del papiloma humano (VPH) y el virus del herpes simple.
- ADN monocatenario (Grupo II) de cadena sencilla Parvovirus V19 humano y los bacteriófagos de las familias *Inoviridae* y *Microviridae*.
- ADN bicatenario retrotranscrito (Grupo VII) utilización de la transcriptasa reversa durante su ciclo reproductivo. La transcriptasa reversa o retrotranscriptasa es una ADN-polimerasa

que funciona "al revés". Esto significa que, al contrario que otras ADN-polimerasas, puede obtener una molécula de ADN bicatenario a partir de una molécula de ARN monocatenario. (hepatitis B)

Virus de ARN

- ARN bicatenario (Grupo III) se replica en el citoplasma celular. Forman parte de este grupo los virus del Género *Rotavirus*.
- ARN monocatenario positivo (Grupo IV) tienen la misma polaridad que el ARNm celular, así que llegan con ventaja a la célula y pueden ser traducidos directamente. Forman parte de este tipo de virus el virus de la hepatitis A, de la fiebre amarilla, el resfriado común, el coronavirus recientemente descubierto SARS-CoV-2 o el conocido virus del mosaico del tabaco.
- ARN monocatenario negativo (Grupo V) convertir su ARN de sentido negativo en ARN de sentido positivo mediante ARN-polimerasa o transcriptasa. Forman parte de este grupo el virus del ébola, el virus de la gripe, el virus del sarampión o el virus de la rabia.
- ARN monocatenario retrotranscrito (Grupo VI). utilizan la acción de una retrotranscriptasa. El gran conocido de este grupo es el VIH, causante del SIDA.

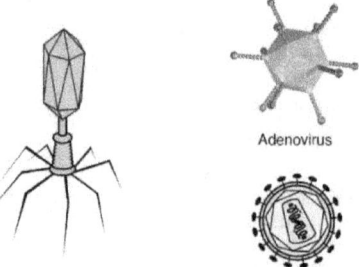

Adenovirus

Bacteriófage   Virus de inmunodeficiencia humano

Una infección vírica puede dar lugar a un espectro de síntomas desde asintomáticos (sin síntomas evidentes) hasta una enfermedad grave.

Los virus se han encontrado en todos los ecosistemas de la Tierra. Muchos virus que antiguamente estaban presentes solo en determinadas zonas del planeta en la actualidad se están extendiendo debido a:

- el cambio climático ha posibilitado que existan más áreas donde pueden vivir los mosquitos que transmiten estos virus.
- los viajeros pueden estar infectados, y al regresar a su país pueden ser picados por un mosquito que transmite el virus a otras personas.

Cuando se introducen en el cuerpo de una persona, los virus proliferan rápidamente pueden causar enfermedades de poca importancia, como el resfriado común, enfermedades frecuentes, como la gripe, y enfermedades muy graves, como la viruela o el SIDA (provocado por el virus de la inmunodeficiencia humana:(VIH).

La forma en que los diferentes tipos de virus se esparcen es muy variada:

- por vía aérea cuando respiramos
- por ingesta de alimentos
- directamente de nuestras madres
- por contacto sexual
- por picaduras de insectos como los mosquitos

La piel representa una barrera impenetrable para un virus porque está conformada por capas de células muertas, a menos que la piel se rompa (ej. heridas) o sea picada (ej. mosquitos). los virus atacan la barrera de mucosa celular que recubre al sistema respiratorio y reproductivo. Aunque la barrera de mucosa es altamente efectiva y ayuda a eliminar a la mayoría de los virus que quedan atrapados en ella.

El cuerpo humano tiene una serie de defensas contra los virus:

- Las barreras físicas, como la piel, cual dificultan el acceso.
- Las defensas inmunitarias del organismo, que atacan el virus

La mucosa es ayudada por macrófagos (células de defensa) que ingieren a los virus y los eliminan. En el caso de la vagina, además de la mucosa, las bacterias que colonizan el tracto reproductivo producen ácido, el cual hace que el medio sea poco propicio porque muchos virus son sensibles a las condiciones ácidas.

En el aparato digestivo existen defensas muy agresivas, que contiene compuestos potentes que desactivan a los virus:

- la saliva
- los ácidos estomacales
- las enzimas digestivas (diseñadas para desbaratar proteínas, carbohidratos y lípidos)
- sales biliares (detergente para desintegrar las grasas ingeridas) muy efectivos en desintegrar las envolturas que protegen el material genético de los virus

Si los virus logran pasar las barreras físicas impuestas por la piel, éstos se enfrentan al sistema inmunológico innato y adaptativo.

La infección se produce cuando las bacterias, virus u otros microbios que causan enfermedad ingresan en el organismo y comienzan a multiplicarse. La enfermedad ocurre cuando se dañan las células del organismo (como resultado de la infección) y aparecen signos y síntomas de una afección.

El ciclo de vida de un virus se puede dividir en cinco grandes etapas (los detalles de cada una de ellas son distintas en cada virus):

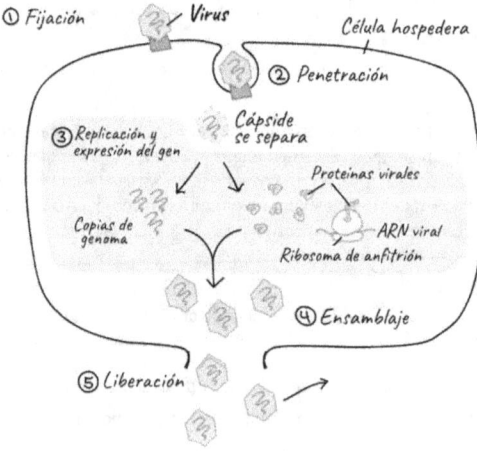

Etapas de una infección viral de un virus con un genoma de ARN monocatenario de sentido positivo:

1. Fijación: El virus se une al receptor en la superficie celular, reconoce y se une a una célula hospedera a través de una molécula receptora situada en la superficie celular.
2. Penetración: El virus entra en la célula por endocitosis. En el citoplasma, la cápside se desintegra y libera el genoma de ARN.
3. Replicación y expresión del gen: El genoma del ARN se copia con una enzima viral y traduce en proteínas virales con un ribosoma del anfitrión. Las proteínas virales producidas incluyen las proteínas de la cápside.
4. Las proteínas de la cápside y los genomas de ARN se unen para formar nuevas partículas virales
5. Liberación: Las células se lisan y liberan las partículas virales, que pueden infectar a otras células hospederas. Las partículas virales terminadas salen de la célula y pueden infectar a otras células.

Existe una diferencia entre una infección y una enfermedad. El primer paso de la infección se produce cuando las bacterias, virus u otros microbios que causan enfermedad ingresan en el organismo y comienzan a multiplicarse. El segundo paso es la enfermedad, ocurre cuando se dañan las células del organismo (como resultado de la infección) y aparecen signos y síntomas de una afección.

En respuesta a la infección, el sistema inmunitario entra en acción. Los glóbulos blancos, anticuerpos y otros mecanismos comienzan a trabajar para liberar al cuerpo de lo que esté causando la infección.

Cuando un virus penetra en el organismo, activa las defensas inmunitarias del cuerpo. Estas defensas comienzan con los glóbulos blancos (leucocitos), como los linfocitos y los monocitos, que aprenden a atacar y destruir el virus o las células que hayan sido infectadas.

Si el organismo sobrevive al ataque del virus, algunos glóbulos blancos (leucocitos) recuerdan al invasor y son capaces de responder de una manera más rápida y eficaz a una posterior infección producida por el mismo virus. Esta respuesta se denomina inmunidad. La inmunidad también puede generarse al recibir una vacuna.

II

SISTEMA INMUNITARIO

El sistema inmunitario lo forman:

- piel: Puede ayudar a evitar que los gérmenes ingresen al cuerpo.

- Membranas mucosas: Son los revestimientos internos húmedos de algunos órganos y cavidades corporales. Producen mucosidad y otras sustancias que pueden atrapar y combatir los gérmenes
- Glóbulos blancos: Luchan contra los gérmenes
- Órganos y tejidos del sistema linfático: Incluyen el timo, el bazo, las amígdalas, los ganglios linfáticos, los vasos linfáticos y la médula ósea. Producen, almacenan y transportan glóbulos blancos

El sistema inmunitario defiende su cuerpo contra sustancias que considera dañinas o extrañas. Estas sustancias se llaman antígenos. Pueden ser gérmenes como bacterias, virus y hongos; o sustancias químicas o toxinas (sustancias químicas producidas por los microbios). También pueden ser células dañadas por el cáncer o quemaduras solares.

Cuando su sistema inmunitario reconoce un antígeno, lo ataca. A esto se le llama respuesta inmune. Parte de esta respuesta es producir anticuerpos. Los anticuerpos son proteínas que actúan para atacar, debilitar y destruir antígenos. El cuerpo también produce otras células para combatir el antígeno.

Luego, su sistema inmunitario recuerda el antígeno. Si vuelve a reconocerlo, puede identificarlo y enviar rápidamente los anticuerpos correctos. Gracias a esto, en la mayoría de los casos usted no se enferma. A esta protección contra una determinada enfermedad se conoce como inmunidad.

Hay tres tipos diferentes de inmunidad:

- Inmunidad innata: Es la protección con la que nace. Es la primera línea de defensa de su cuerpo. Incluye barreras como la piel y las membranas mucosas. Evitan que sustancias nocivas entren al cuerpo. También incluye algunas células y sustancias químicas que pueden atacar sustancias extrañas.
- Inmunidad activa: También llamada inmunidad adaptativa, se desarrolla cuando se infecta o se vacuna contra una sustancia extraña. La inmunidad activa suele ser de larga duración. Para muchas enfermedades, puede durar toda la vida.

12

- Inmunidad pasiva: Ocurre cuando recibe anticuerpos contra una enfermedad en lugar de producirlos a través de su propio sistema inmunitario. Por ejemplo, los bebés recién nacidos tienen anticuerpos de sus madres. Las personas también pueden obtener inmunidad pasiva a través de productos sanguíneos que contienen anticuerpos. Este tipo de inmunidad le brinda protección inmediata, pero solo dura unas pocas semanas o meses.

Está constituido por diferentes órganos, células y proteínas que trabajan conjuntamente. Consta de dos partes principales: el sistema inmunitario innato, que es el con el que se nace, y el sistema inmunitario adaptativo, el cual se adquiere cuando el cuerpo está expuesto a microbios o a las sustancias químicas que liberan los microbios. Estos dos sistemas inmunitarios trabajan conjuntamente.

El sistema inmunitario es una red compleja de células (como los linfocitos) y órganos que trabajan juntos para defender al cuerpo de sustancias extrañas (antígenos), es decir, las bacterias, los virus o las células tumorales. Cuando el cuerpo descubre una sustancia extraña, varios tipos de células entran en acción en lo que se denomina respuesta inmune.

El innato es el sistema de respuesta rápida produce la primera respuesta cuando encuentra un invasor, es heredado y se encuentra activo desde el momento que se nace. Cuando este sistema reconoce a un invasor, entra en acción inmediatamente. Las células de este sistema inmunitario rodean y encierran al invasor. Luego el invasor es eliminado dentro de las células del sistema inmunitario son los fagocitos.

El sistema inmunitario adquirido, con la ayuda del sistema inmunitario innato, produce células (anticuerpos) para proteger a su cuerpo de invasores específicos. Estos anticuerpos son desarrollados por las células llamadas linfocitos B después de que el cuerpo ha estado expuesto al invasor, permanecen en el cuerpo. Pueden tardar varios días para que estos anticuerpos se desarrollen, pero después de la primera exposición, el sistema inmunitario reconocerá al invasor y lo defenderá contra él. Va cambiando a lo largo de la vida. Las vacunas producen anticuerpos que protegen de enfermedades dañinas.

Los anticuerpos son proteínas fabricadas para unirse y matar a un antígeno específico. Por ejemplo, el virus del sarampión.

Los antígenos son sustancias que el organismo reconoce como extrañas y forma anticuerpos para matarla y conserva linfocitos con memoria para recordarla, así cuando vuelva a atacar el virus el cuerpo le reconocerá y le atacará más rápida y eficazmente.

13

Las células de ambos sistemas inmunitarios se originan en varios órganos del cuerpo:

- Adenoides. Dos glándulas ubicadas en la parte posterior del conducto nasal.
- Médula ósea. El tejido suave y esponjoso que se encuentra en las cavidades óseas.
- Ganglios linfáticos. Pequeños órganos con forma de haba que se encuentran por todo el cuerpo y se conectan a través de los vasos linfáticos.
- Vasos linfáticos. Red de canales por todo el cuerpo que transportan linfocitos hacia los órganos linfoides y el torrente sanguíneo.
- Placas de Peyer. Tejido linfático en el intestino delgado.
- Bazo. Órgano del tamaño de un puño ubicado en la cavidad abdominal.
- Timo. Dos lóbulos que se unen por delante de la tráquea, detrás del esternón.
- Amígdalas. Dos masas ovaladas en la parte posterior de la garganta.

Algunas de las células que forman parte del sistema inmunitario son:

Linfocitos

Los linfocitos son uno de los principales tipos de células inmunitarias. Constituyen un 30% del total de glóbulos blancos (entre 1.000 y 4.000/mm3). Se forman en la médula ósea, pero luego emigran a los ganglios linfáticos, bazo, amígdalas, timo y en realidad a cualquier parte del cuerpo. Al contrario que los granulocitos, viven mucho tiempo y maduran y se multiplican ante estímulos determinados. Son los glóbulos blancos de menor tamaño y representan del 24 a 32% del total en la sangre periférica.

Los linfocitos se dividen principalmente en células B, T y NK.

- Los *linfocitos B* producen anticuerpos, proteínas (gammaglobulinas), llamadas inmunoglobulinas capaces de reconocer antígenos de lípidos, proteínas y glúcidos (sustancias extrañas) y se unen a ellas. Están programados para hacer un anticuerpo específico. Cuando una célula B se encuentra con su antígeno desencadenante, ésta produce muchas células grandes conocidas como células plasmáticas. Cada célula plasmática es

14

esencialmente una fábrica para producir anticuerpos. Un anticuerpo corresponde a un antígeno de la misma manera que una llave lo hace con su cerradura. Siempre que el anticuerpo y el antígeno se corresponden, el anticuerpo marca el antígeno para su destrucción. Los linfocitos B no pueden penetrar en las células, por lo que necesita a los linfocitos T para atacar estas células diana.

• Los *linfocitos T* están programadas para reconocer, responder a y recordar antígenos. Contribuyen a las defensas inmunitarias de dos formas principales:

• dirigen y regulan las respuestas inmunes. Cuando son estimulados por el material antigénico presentado por los macrófagos, las células T forman linfocinas que alertan a otras células.

• destruyen células diana (dianocitos) al entrar en contacto directo con ellas.

• Las células natural killer (NK) son una tercera población de linfocitos, diferentes a los linfocitos B y linfocitos T y pertenecen al sistema inmune innato (SII). Provienen de la médula ósea y se encuentran en la sangre y tejidos linfáticos, especialmente el bazo; es decir, no presentan los receptores de los linfocitos del sistema inmune específico (SIE). Sus principales funciones son la citotoxicidad y la secreción de citoquinas. Se activan a través del contacto con células sensibles o células blanco o por la acción de mediadores solubles, principalmente citoquinas.

○ *Citotoxicidad de las células NK:* tienen un amplio papel defensivo, frente a enfermedades neoplásicas e infecciosas. Es de dos tipos:

a) *Citotoxicidad natural,* sobre células a través de un reconocimiento espontáneo y no requiere activación previa.

b) *Citotoxicidad dependiente de anticuerpos (ADCC),* es dependiente del receptor Fc de baja afinidad de inmunoglobulinas que reconoce la fracción Fc de los anticuerpos que recubren a la célula blanco lo que les permite activarse y lisar a la célula blanco. Existen dos tipos de mecanismos utilizados para lisar a las células blanco (generalmente ocurre una mezcla de los dos):

▪ mecanismo membranolítico: se caracteriza por la secreción de componentes citotóxicos de los gránulos de las células NK, post-contacto con la célula blanco, como la proteína formadora de poro o perforina, que forma poros en la superficie de la célula blanco, además se secretan granzimas, que son enzimas proteolíticas que se encuentran en los gránulos.

- mecanismo de muerte celular programada o apoptosis: se basa en la interacción principalmente de la proteína FasL, (CD95L), inducida post-contacto con la célula blanco, y Fas (CD95) que la debe expresar la célula blanco. La activación de Fas, inicia el mecanismo de apoptosis en la célula blanco.

○ *Secreción de citoquinas.* Las células NK al ser activadas secretan diferentes citoquinas al medio, la gran mayoría de las citoquinas son cadenas polipeptídicas únicas y de bajo peso molecular. Este mecanismo les permite participar en múltiples respuestas defensivas fisiológicas o patológicas. Existen dos subtipos de células NK, NK1 y NK2, que secretan diferentes patrones de citoquinas, que en algunos casos se repiten, pero tienen un papel diferencial en la respuesta inflamatoria innata y en sus efectos sobre la respuesta adaptativa.

Macrófagos

Los macrófagos son la primera línea de defensa del cuerpo y cumplen muchas funciones. Un macrófago es la primera célula en reconocer y envolver sustancias extrañas (antígenos). Los macrófagos descomponen estas sustancias y presentan las proteínas más pequeñas a los linfocitos T. (Las células T están programadas para reconocer, responder a y recordar antígenos). Los macrófagos también producen sustancias llamadas citocinas que ayudan a regular la actividad de los linfocitos.

Células dendríticas

Las células dendríticas se conocen como el tipo de célula más eficiente en la presentación de antígenos, y tienen la capacidad de interactuar con las células T e iniciar una respuesta inmune. Tienen una función clave en la respuesta inmune y su posible uso en las vacunas antitumorales.

Leucocitos

Hay diferentes tipos de leucocitos que forman parte de la respuesta inmune:

- Los granulocitos neutrófilos son las células inmunitarias más comunes del cuerpo. En una infección, su número aumenta rápidamente. Son los principales componentes del pus y se encuentran alrededor de las inflamaciones más comunes. Su función es ingerir y destruir el material extraño.

- Los basófilos y eosinófilos son leucocitos que contienen grandes gránulos dentro de la célula. Estos interactúan con determinados materiales extraños. Un aumento de su actividad puede provocar una reacción alérgica.

La respuesta inmune es un esfuerzo coordinado. Todas las células inmunitarias trabajan juntas, por lo que necesitan comunicarse entre sí. Esta comunicación se logra mediante la secreción de mayores niveles de una molécula proteica especial llamada citocina, que actúa sobre otras células.

Tipos de citocinas:las interleucinas

- los interferones
- los factores de necrosis tumoral
- los factores estimulantes de colonias.

Algunas estrategias de tratamiento con inmunoterapia incluyen la administración de mayores cantidades de estas proteínas mediante inyección o infusión. Esto se realiza para estimular las células del sistema inmunitario a fin de que actúen de manera más eficaz o para hacer que las células tumorales sean más reconocibles para el sistema inmunitario.

Todas las células inmunes colaboran entre ellas para que la respuesta sea eficaz.

El sistema inmunitario innato, mecanismo defensivo, tiene la capacidad de iniciar la respuesta defensiva contra los microorganismos patógenos y también la de guiar a la respuesta específica posterior.

Elementos participantes:

- células como macrófagos, neutrófilos y células NK
- los mediadores liberados por las células. Son citoquinas innatas, producidas por el sistema inmunitario innato, encargadas de estimular la respuesta inicial y la posterior respuesta específica.

La importancia del Sistema inmunitario innato atenúa la proliferación de microorganismos y además genera las señales de peligro adecuadas que permitan la participación del sistema inmunitario adquirido, y ambos en conjunto, erradicar al patógeno.

Hay varios tipos distintos de anticuerpos:

- **Inmunoglobulina A (IgA):** se encuentra en los recubrimientos de las vías respiratorias y del sistema digestivo, así como en la saliva, las lágrimas y la leche materna.

- **Inmunoglobulina G (IgG):** es el tipo de anticuerpo que más abunda en el cuerpo. Se encuentra en la sangre y en otros fluidos, y brinda protección contra las infecciones bacterianas y víricas. La IgG puede tardar un tiempo en formarse después de una infección o vacunación.

- **Inmunoglobulina M (IgM):** se encuentra principalmente en la sangre y en el líquido linfático; este es el primer anticuerpo que fabrica el cuerpo para combatir una nueva infección.

- **Inmunoglobulina E (IgE):** normalmente se encuentra en pequeñas cantidades en la sangre. Se puede encontrar en cantidades superiores cuando el cuerpo reacciona de una manera exagerada a los alérgenos o cuando está combatiendo una infección provocada por un parásito.

- **Inmunoglobulina D (IgD):** existe en pequeñas cantidades en la sangre y es el anticuerpo que menos se conoce.

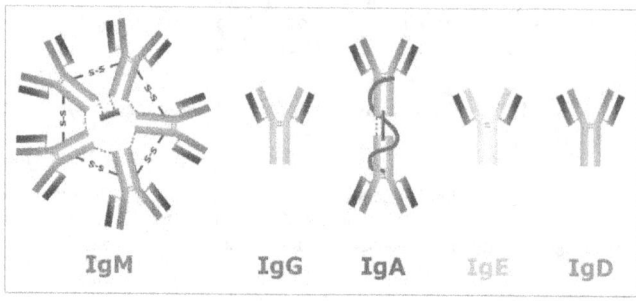

III

EL VIRUS: SARS-CoV-2

BROTE

Un brote epidémico es una clasificación usada en la epidemiología para denominar la aparición repentina de una enfermedad debida a una infección en un lugar específico y en un momento determinado.

Por ejemplo, cuando se produce una intoxicación alimentaria o los brotes de meningitis o sarampión.

EPIDEMIA

Se cataloga como epidemia cuando una enfermedad se propaga activamente debido a que el brote se descontrola y se mantiene en el tiempo. De esta forma, aumenta el número de casos en un área geográfica concreta.

PANDEMIA

Para que se declare el estado de pandemia se tienen que cumplir dos criterios:

- que el brote epidémico afecte a más de un continente
- que los casos de cada país ya no sean importados sino provocados por trasmisión comunitaria.

Las enfermedades endémicas son aquellas que persisten de una forma continuada o episódica en una zona determinada. La malaria, el Chagas o el dengue son ejemplos de endemias en zonas muy específicas del planeta.

El 31 de diciembre de 2019, China informó sobre un grupo de 27 casos de neumonía de etiología desconocida. Posteriormente, el 7 de enero, las autoridades del país identificaron el agente causante de este brote, un nuevo tipo de coronavirus que fue denominado SARS-CoV-2.

El SARS-CoV-2 (Coronavirus 2 del Síndrome Respiratorio Agudo Severo) es un patógeno nuevo que surgió en la provincia china de Hubei en diciembre de 2019 y se propagó por todo el mundo en los meses siguientes declarándose pandémico en marzo de 2020.

19

Mientras los casos eran importados y el foco epidémico estaba localizado en China la situación era calificada de epidemia, pero en el momento en que salta a otros países y empieza a haber contagios comunitarios en más de un continente se convierte en pandemia.

Los coronavirus poseen una envoltura esférica que incluye unas espículas distribuidas simétricamente formando una corona (de ahí la etimología de coronavirus) que les permite abrirse camino por la membrana celular y atacar a la célula desde cualquier ángulo. Son una amplia familia de virus, que incluye a algunas variedades del catarro común, y otras más letales como el SARS-CoV y el MERS-CoV surgidos en 2003 y 2012, respectivamente. Ambos provocan afecciones respiratorias que, en algún caso, pueden ser mortales.

Son virus de ARN envueltos, de polaridad positiva y de cadena sencilla. El SARS-CoV-2 muestra una gran homología genética con el SARS-CoV y otros coronavirus de murciélago similares al SARS.

El coronavirus aparecido en China en 2019 se denomina SARS-CoV-2 y la enfermedad asociada a él, Covid-19 (Coronavirus disease 2019). Esta distinción es similar a la que existe entre VIH (el virus) y SIDA (la enfermedad).

Dominio: *Riboviria*

Grupo: IV (Virus ARN monocatenario positivo)

Reino: *Orthornavirae*

Filo: *Pisuviricota*

Clase: *Pisoniviricetes*

Orden: *Nidovirales*

Suborden: *Cornidovirineae*

Familia: *Coronaviridae*

Subfamilia: *Orthocoronavirinae*

Género: *Betacoronavirus*

Subgénero: *Sarbecovirus*

Especie: *Coronavirus relacionado con el síndrome respiratorio agudo grave*

Subespecie: *Coronavirus 2 del síndrome respiratorio agudo grave*

Clasificación de Baltimore: Grupo IV: (+)ssARN virus

Sinonimia: 2019-nCoV (2019 Novel Coronavirus)

Los coronavirus son miembros de la subfamilia Orthocoronavirinae dentro de la familia Coronaviridae (orden Nidovirales). Esta subfamilia comprende cuatro géneros: Alphacoronavirus, Betacoronavirus, Gammacoronavirus y Deltacoronavirus de acuerdo a su estructura genética.

Los alfacoronavirus y betacoronavirus infectan solo a mamíferos y normalmente son responsables de infecciones respiratorias en humanos y gastroenteritis en animales. Hasta ahora se han descrito seis coronavirus en seres humanos::

- HCoV-NL63
- HCoV-229E
- HCoV-OC43
- HKU1
- SARS-CoV
- MERS-CoV

Los cuatro primeros son responsables de un número importante de las infecciones leves del tracto respiratorio superior en personas adultas inmunocompetentes, pero que pueden causar cuadros más graves en niños y ancianos con estacionalidad típicamente invernal.

Los dos últimos (SARS-CoV y MERS-CoV) surgieron de un reservorio animal, son responsables de infecciones respiratorias graves de corte epidémico con gran repercusión internacional debido a su morbilidad y mortalidad. SARS-CoV-2 supone el séptimo coronavirus aislado y caracterizado capaz de provocar infecciones en humanos.

Estructuralmente los coronavirus son virus esféricos de entre 100nm y 160 nm de diámetro, con envuelta y que contienen ARN monocatenario (ssRNA) de polaridad positiva de entre 26 y 32 kilobases de longitud. El genoma del virus SARS-CoV-2 codifica 4 proteínas estructurales:

- la proteína S (spikeprotein)
- la proteína E (envelope)
- la proteína M (membrane)
- la proteína N (nucleocapsid)

La proteína N está en el interior del virión asociada al RNA viral, y las otras cuatro proteínas están asociadas a la envuelta viral.

La proteína S se ensambla en homotrímeros, y forma estructuras que sobresalen de la envuelta del virus. Contienen el dominio de unión al receptor celular y por lo tanto es la proteína determinante del tropismo del virus y además es la proteína que tiene la actividad de fusión de la membrana viral con la celular y de esta manera permite liberar el genoma viral en el interior de la célula que va a infectar.

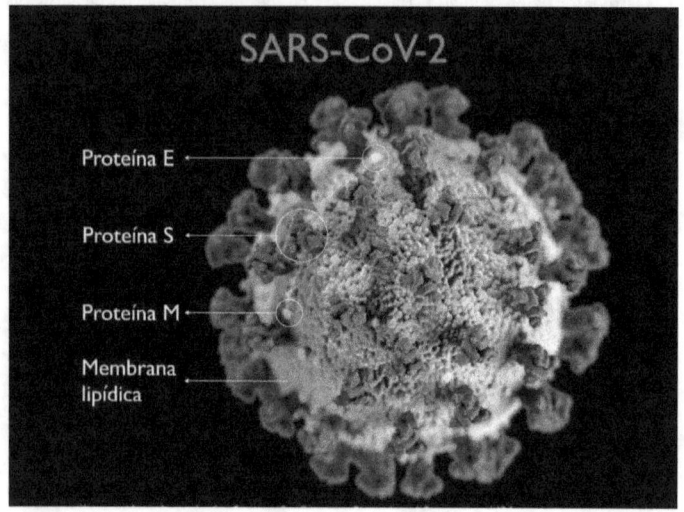

El virus causante de los primeros 9 casos de neumonía descritos de ciudadanos de Wuham (China) se aisló de estos pacientes y se secuenció. Se pudo obtener la secuencia genómica completa de 7 de estas muestras, más dos secuencias parciales de las otras dos muestras. Los genomas completos secuenciados de estos eran prácticamente idénticos entre sí con un porcentaje de homología del 99%, lo que apoya la idea de que es un virus de muy reciente introducción en la población humana.

Tras realizar el análisis filogenético de estas secuencias se observa una alta homología con virus del género Betacoronavirus y menor con el virus SARS y el virus MERS, por lo que puede clasificar como un nuevo miembro del género Betacoronavirus.

Aunque la estructura de la glicoproteína de la envoltura del SARS-CoV-2 es ligeramente diferente de la del SARS-CoV, los dos emplean como receptor a la enzima convertidora de angiotensina 2 (ACE-2) para penetrar en la célula. Dos estudios realizados por crioelectromicroscopia electrónica han determinado:

a) la estructura de la proteína S unida a la proteína ACE-2
b) las estructuras tridimensionales de dos proteínas del virus:

- la RNA polimerasa del virus
- la proteasa principal del virus (denominada Mpro o 3CLpro)

El conocimiento de la conformación tridimensional de proteínas virales es muy útil para el desarrollo de antivirales.

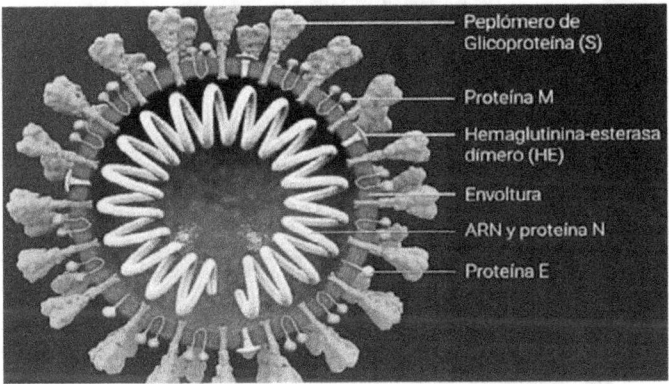

IV

LA ENFERMEDAD: COVID-19

La fuente primaria más probable de la enfermedad es de origen animal. y la transmisión se produce principalmente de persona a persona a través de las gotas respiratorias entre contactos cercanos. Las transmisiones por aerosoles y por fómites son plausibles.

De los casos infectados la enfermedad se presenta:

- leve o moderada 80%
- precisa ingreso hospitalario 15%
- precisa cuidados intensivos 5%

Aunque la infección puede cursar con una enorme variedad de síntomas, como la anosmia o la ageusia, o incluso cursar de forma asintomática, los síntomas más frecuentes son:
- fiebre
- tos
- sensación de falta de aire

Tiene una letalidad global de 0,8% del total de infectados, pueden presentar una mayor letalidad las personas mayores y con patologías crónicas previas como:
- enfermedad cardiovascular
- hipertensión arterial
- enfermedad pulmonar obstructiva crónica
- diabetes mellitus

La gravedad de la enfermedad depende de diferentes factores relacionados con las características de la persona infectada.

La infección por SARS-CoV-2 activa el sistema inmune innato induciendo la generación de anticuerpos neutralizantes en títulos elevados en la mayor parte de los casos, aunque aún no está clara la duración de la inmunidad.

El periodo de incubación mediano es de 5 días con un rango de 1 a 14 días,

La principal vía de transmisión entre humanos es por contacto y gotas respiratorias, puede darse desde 2 días antes del inicio de síntomas hasta 10 días después, aunque se ve influenciado por la severidad y la persistencia del cuadro clínico.

La tasa de ataque secundario es de en torno al 10% pero en algunas condiciones puede ser superior.

Se debe identificar y aislar precozmente a las fuentes de infección mediante un adecuado sistema de alerta precoz y respuesta rápida y de vigilancia epidemiológica para detectar el incremento de la transmisión en la población, para ello, entre otras medidas se debe asegurar capacidad de laboratorio ante el posible aumento de la demanda diagnóstica, priorizando la inversión en nuevas técnicas diagnósticas.

La realización de pruebas diagnósticas debe estar dirigida fundamentalmente a la detección precoz de los casos con capacidad de transmisión, priorizándose esta utilización frente a otras estrategias.

DETECCIÓNDE CASOS DE INFECCIÓN ACTIVA

Pruebas de detección de infección activa

- una prueba rápida de detección de antígenos
- una detección de ARN viral mediante una RT-PCR o una técnica molecular equivalente.

La realización de una u otra, o una secuencia de ellas, dependerá de:

- el ámbito de realización,
- la disponibilidad
- de los días de evolución de los síntomas

las muestras recomendadas para el diagnóstico de infección activa son del tracto respiratorio superior o inferior:

-Superior:

- exudado preferiblemente nasofaríngeo y orofaríngeo
- solo exudado nasofaríngeo.

-Inferior:

- lavado broncoalveolar, broncoaspirado,
- esputo (si esposible) y/o aspirado endotraqueal, especialmente en pacientes con enfermedad respiratoria grave y en pacientes intubados con ventilación mecánica

Las muestras clínicas deben ser tratadas como potencialmente infecciosas y se consideran de categoría B. serán transportadas en triple embalaje por los procedimientos habituales.

A toda persona con sospecha de infección por el SARS-CoV-2 se le realizará una prueba diagnóstica en las primeras 24 horas. Si resulta negativa y hay alta sospecha clínica de COVID-19 se valorará repetirla prueba.

- Si se realizó una detección rápida de antígeno de inicio, se realizará una PCR
- Si se realizó una PCR de inicio, se repetirá la PCR a las 48 horas

Si continúa siendo negativa y han trascurrido al menos 7 desde el inicio de los síntomas, se podría plantear la detección de IgM mediante una prueba serológica tipo ELISA u otras técnicas de inmunoensayo de alto rendimiento.

La prioridad es:

1º los pacientes sintomáticos graves o vulnerables

2ºpacientes que necesiten ingreso hospitalario por otras patologías

3º otros pacientes sintomáticos.

CLASIFICACIÓN DE LOS CASOS

Caso sospechoso

Cualquier persona con un cuadro clínico de infección respiratoria aguda de aparición súbita de cualquier gravedad que cursa con fiebre, tos o sensación de falta de aire. Otros síntomas como la odinofagia, anosmia, ageusia, dolor muscular, diarrea, dolor torácico o cefalea pueden ser considerados también síntomas de sospecha de infección.

Caso probable

Persona con infección respiratoria aguda grave con cuadro clínico y radiológico compatible con COVID-19 y resultados de prueba diagnóstica negativos, o casos sospechosos con pruebas diagnósticas no concluyente.

Caso confirmado con infección activa:

–Persona que cumple criterio clínico de caso sospechoso y con prueba diagnóstica positiva. Las muestras recomendadas para las pruebas serológicas son de sangre obtenida por extracción de vía venosa periférica.

–Persona que cumple criterio clínico de caso sospechoso, con prueba diagnóstica negativa y resultado positivo a IgM por serología de alto rendimiento (no por test rápidos).

−Persona asintomática con prueba diagnóstica positiva con IgG negativa o no realizada. con infección resuelta

−Persona asintomática con serología Ig G positiva independientemente del resultado de la prueba diagnóstica (prueba diagnóstica positiva, prueba diagnóstica negativa o no realizada).

Caso descartado

Caso sospechoso con prueba diagnóstica negativa e IgM también negativa(si esta prueba se ha realizado) en el que no hay una alta sospecha clínica.

EQUIPO DE PROTECCIÓN INDIVIDUAL PARA LA TOMA DE MUESTRAS

- Para la toma de muestras del tracto respiratorio superior se deben instaurar las siguientes precauciones:
  o Bata
  o Mascarilla FFP2
  o Guantes
  o Protección ocular

- En caso de toma de muestras del trato respiratorio inferior el personal sanitario debería instaurar las precauciones específicas de transmisión aérea:
  o Bata: impermeable o si no hay disponibilidad utilizar adicionalmente delantal.
  o Protección respiratoria con una eficacia de filtración equivalente a FFP2 o FFP3.
  o Protección ocular
  o Guantes de manga larga

TÉCNICA DE RECOGIDA DE LA MUESTRA

- Frotis nasofaríngeo
  Se realizará la toma de la muestra con el hisopo fino y flexible del kit específico para toma de muestras respiratorias para virus. No debe recogerse con hisopos de alginato de calcio, de algodón ni con mango de madera.
  Se debe insertar un hisopo más flexible, de dacrón o poliéster, por la fosa nasal y paralelo al paladar. Se introduce el hisopo primero por una narina hasta alcanzar larinofaringe y luego por la otra. El hisopo debe alcanzar una profundidad igual a la distancia desde las fosas nasales hasta la abertura externa de la oreja. Se deja el hisopo en ese lugar durante varios segundos para absorber las secreciones. Se retira lentamente el hisopo mientras se gira. Se hacen dos o tres rotaciones de 180° y se mantiene 5 segundos en contacto con la mucosa. Los hisopos se introducen inmediatamente en tubos estériles que

contengan 2-3 ml de medio de transporte viral. Existen hisopos de tamaño pediátrico.

La muestra ha de conservarse en nevera hasta su envío al laboratorio.

• Frotis orofaríngeo

se realizará la toma de la muestra con el hisopo grueso y rígido (sin mango de madera) del kit específico para toma de muestras respiratorias de virus.

Se sujeta la lengua del paciente con el depresor lingual y se frota con firmeza la pared posterior de la garganta (orofaringe) con el hisopo (al frotar obtenemos células infectadas con el virus).

Los hisopos se introducen inmediatamente en tubos estériles que contengan 2-3 ml de medio de transporte viral.

Si se toma nasofaríngeo y orofaríngeo al mismo paciente se pueden introducir los dos hisopos juntos en el mismo tubo de medio de transporte.

La muestra ha de conservarse en nevera hasta su envío al laboratorio.

PREPARACIÓN DE LA MUESTRA

Todas las muestras se prepararán para su envío al laboratorio en el mismo lugar donde se encuentre el paciente.

La parte externa de los tubos que contiene la muestra respiratoria deberá limpiarse con un desinfectante de superficies o una toallita impregnada en desinfectante.

En caso de precisar envío de muestras a otra institución deberán ser tratadas como potencialmente infecciosas y se considerarán de categoría B (deben ser transportadas en triple embalaje, norma UN3373)

TRANSPORTE Y RECOMENDACIONES DE MANEJO DE MUESTRAS BIOLÓGICAS

Instrucciones para el transporte de muestras biológicas a otro centro diferente al lugar de la toma de muestra

1. Categorización de la muestra:

Las muestras biológicas procedentes de pacientes infectados o con sospecha de infección por el SARS-CoV-2 son clasificadas como sustancias infecciosas de categoría B.

2. Embalaje de las muestras:

Deben ser transportadas a los centros de diagnóstico de acuerdo a la instrucción de embalaje P650 del Acuerdo ADR que se aplica a la norma UN 3373 para el embalaje de sustancias peligrosas (la instrucción de embalaje P650 equivale a la instrucción 650 IATA).

La norma UN 3733 establece que la muestra sea transportada en triple envase, robusto y que soporte golpes y cargas habituales del transporte, incluyendo el trasbordo entre vehículos, contenedores y almacén o la manipulación manual o mecánica. Los embalajes se construirán y cerrarán de forma que se evite cualquier fuga de su contenido, en las condiciones normales de transporte, por vibración o por cambios de temperatura, humedad o presión.

Para el transporte por superficie no se establece una cantidad máxima por paquete. Para el transporte aéreo se requiere que:

o La capacidad de los recipientes primarios no supere 1 litro (para líquidos)

o La masa límite del embalaje externo (para sólidos).

o El volumen enviado no supere 4litros o 4 kg por paquete

Estas cantidades excluyen el hielo y el hielo seco cuando sean utilizados para mantener las muestras frías.

El triple envase constará de:

o Recipiente primario estanco

o Embalaje secundario estanco

o Embalaje exterior rígido

En el caso de que se utilice hielo o hielo seco para refrigerar la muestra, éste NUNCA debe ir en el interior del embalaje secundario.

La información acompañante a las muestras enviadas debe colocarse entre el embalaje secundario y el embalaje exterior, NUNCA en el interior del embalaje secundario.

3. Etiquetado:

En cada paquete se expondrá la información siguiente:

o el nombre, la dirección y el número de teléfono del expedidor (remitente, consignador).

o el número de teléfono de una persona responsable e informada acerca del envío.

o el nombre, la dirección y el número de teléfono del destinatario (consignatario).

o la designación oficial de transporte «BIOLOGICAL SUBSTANCE, CATEGORY B».

o requisitos relativos a la temperatura de almacenamiento (optativo).

Para los envíos de sustancias infecciosas de categoría B se utiliza la marca que se muestra en la figura.

4. Condiciones de los medios de transporte:

Al tratarse de sustancias infecciosas de categoría B lo necesario es cumplir con las siguientes instrucciones:

o Utilizar el triple envase del tipo UN3373 y un documento externo (formulario, carta de porte) que indique lo que se transporta.

o Las empresas de mensajería o personas que transporten sustancias biológicas de categoría B (UN 3373), están obligadas a cumplir con las normas de transporte de la ADR. Este tipo de embalajes no podrán ir dentro de bolsas de mensajería, dado que las etiquetas normalizadas deben estar a la vista.

o El vehículo debe tener un sistema de anclaje que impida el movimiento del paquete y posibles golpes.

o El personal del vehículo de transporte alternativo debe recibir información de lo que va a transportar, conocer los riesgos y comprometerse a informar en caso de incidentes.

Documentación:
No se requieren documentos con indicación de mercancía peligrosa para las sustancias infecciosas de categoría B.

CONSERVACIÓN EN FUNCIÓN DEL TIPO DE MUESTRA:

- Exudado nasofaríngeo/orofaríngeo   a 4°C en 24-48h
- Aspirado/lavado nasofaríngeo   a 4°C en 24h
- Lavado broncoalveolar   a 4°C en 24h
- Aspirado endotraqueal   a 4°C en 24h
- Esputo   a 4°C en 24h
- Suero (2 muestras en fases aguda y convaleciente a partir del día 7 y entre 20-30 días respectivamente)   a 4°C
- Biopsia/Necropsia de pulmón   a 4°C en 24h
- Sangre completa   a 4°C
- Orina   a 4°C
- Heces   a 4°C

Si transcurren más de 72 horas hasta el procesamiento de las muestras respiratorias refrigeradas se recomienda su congelación a -20°C o, idealmente a -80°C.

PAUTAS PARA EL PERSONAL DE LOS LABORATORIOS CLÍNICOS (BIOQUÍMICA, HEMATOLOGÍA, INMUNOLOGÍA, ANATOMÍA PATOLÓGICA, MICROBIOLOGÍA)

El personal que manipule muestras clínicas rutinarias (hemogramas, pruebas bioquímicas, análisis de orina, serología y otras pruebas diagnósticas en suero, sangre y orina) de pacientes ingresados con diagnóstico o sospecha de infección por SARS-CoV-2 deberá seguir las pautas estándar y recomendaciones generales de bioseguridad establecidas para los laboratorios de nivel BSL-2.

Al igual que con cualquier muestra clínica, los procedimientos que puedan generar aerosoles de partículas finas (p. ej., vorteado o sonicación de muestras en tubo abierto) deberán realizarse en una campana de seguridad biológica (BSC) de clase II y deberán usarse dispositivos de contención física adecuados (rotores de centrífuga adecuados, cubetas de seguridad para la centrífuga, rotores sellados) ante la eventualidad de una rotura de los tubos que contienen las muestras durante el proceso de centrifugación. Los rotores tienen que ser cargados y descargados dentro de la cabina de seguridad. Deberá reducirse, en la medida de lo posible, todo procedimiento fuera de la cabina de seguridad.

Después de procesar las muestras, se descontaminarán las superficies de trabajo y el equipo con los desinfectantes hospitalarios habituales. Se recomienda seguir las indicaciones de la OMS y el ECDC para la dilución de uso (es decir, la concentración), el tiempo de contacto y las precauciones de manejo.

PAUTAS ESPECÍFICAS PARA EL PERSONAL DE LOS LABORATORIOS

Por el momento no se recomienda el aislamiento del virus en cultivos celulares ni la caracterización inicial de agentes virales a partir de cultivos de muestras con SARS-CoV-2 para los laboratorios de diagnóstico rutinario, a no ser que se realice en un laboratorio de seguridad BSL-3.

En instalaciones BSL-2 se pueden realizar las siguientes actividades utilizando prácticas de trabajo estándar para un laboratorio de nivel de bioseguridad BSL-2:

o Examen anatomopatológico y procesamiento de tejidos fijados con formalina o tejidos inactivados.

o Estudios de microscopía electrónica con rejillas fijas con glutaraldehído.

o Examen de rutina de cultivos bacterianos y fúngicos.

o Tinciones de rutina y análisis microscópico de frotis fijados.

o Empaquetado de muestras para su transporte a laboratorios de diagnóstico.

o Muestras inactivadas (p. ej. muestras en tampón de extracción de ácidos nucleicos)

Deben realizarse, como mínimo en una cabina de seguridad BSC de Clase II las siguientes actividades, que implican la manipulación de muestras potencialmente infecciosas. Se debe realizar una evaluación de riesgo específica del sitio para determinar si se precisan mayores precauciones de seguridad (por ejemplo, al manipular grandes volúmenes de muestra):

o Alicuotar y / o diluir muestras

o Inactivación de muestras

o Inoculación de medios de cultivo bacterianos o micológicos

o Preparación y fijación química o térmica de frotis para análisis microscópico.

INTERACCIÓN CON EL SISTEMA INMUNITARIO

La infección por SARS-CoV-2 activa el sistema inmune innato generando una respuesta excesiva que podría estar relacionada con una mayor lesión pulmonar y peor evolución clínica.

Las observaciones clínicas apuntan a que, cuando la repuesta inmune no es capaz de controlar eficazmente el virus, como en personas mayores con un sistema inmune debilitado, el virus se propagaría de forma más eficaz produciendo daño tisular pulmonar, lo que activaría a los macrófagos y granulocitos y conduciría a la liberación masiva de citoquinas pro-inflamatorias. Esta vía inmunitaria se activa a partir de la activación de linfocitos T helper (Th) CD4+ y CD8+ aberrantes.

Se han observado la presencia de niveles elevados de interleuquina-6 (IL-6) y otras citoquinas proinflamatorias en pacientes con COVID-19 grave. Esta hiperactivación es insuficiente para controlar la infección y conduce a una depleción linfocitaria asociada a un mayor daño tisular, en pacientes graves que presentan linfopenia e hiperferritinemia, se denomina síndrome deliberación de citoquinas (CRS), que estaría asociada al síndrome de insuficiencia respiratoria aguda o Síndrome de Distrés Respiratorio del Adulto (SDRA) que es la principal causa de mortalidad por COVID-19.

El CRS se produce cuando se activan grandes cantidades de leucocitos (neutrófilos, macrófagos y mastocitos) y liberan grandes cantidades de citoquinas proinflamatorias.

Las principales citoquinas implicadas en la patogénesis del CRS incluyen IL-6, la IL-10, el interferón (IFN), la proteína quimiotáctica de monocitos 1 (MCP-1) y el factor estimulante de las colonias de granulocitos-macrófagos (GM-CSF); otras citoquinas como el factor de necrosis tumoral (TNF), IL-1, IL-2, IL-2-receptor-e IL-8 también se han descrito durante el CRS.

El CRS se ha observado en otras infecciones virales como SARS, MERS o Ébola, aunque a través de la alteración de distintas vías.

En pacientes con COVID-19 su patogénesis aún no se conoce totalmente, sin embargo se ha observado una mayor concentración plasmática de varias citoquinas (IL-1β, IL-6, IL2, IL-2R, IL7, IL10, GSCF, IP10, MCP1 MIP1A, TNFα, etc.), fundamentalmente en pacientes con cuadros más graves.

INTERACCIÓN CON LA COAGULACIÓNY EL SISTEMA MICROVASCULAR

La activación excesiva del sistema inmune innato que causa tormentas de citoquinas ocasiona daño del sistema microvascular y activa el sistema de coagulación e inhibición de la fibrinólisis.

La coagulación intravascular diseminada (CID) conduce a trastornos generalizados de la microcirculación que contribuyen a la situación de fallo multiorgánico.

Se ha observado que los niveles de antitrombina son menores en casos de COVID-19, y los niveles de dímero D y fibrinógeno son mayores que en población general. Además, la progresión de la gravedad de la enfermedad va ligada a un aumento gradual del dímero D. Estos hallazgos apoyan la teoría del desarrollo de una coagulopatía de consumo en infecciones por SARS-CoV-2, y que cuando estas ocurren empeora el pronóstico.

Hay varias causas que pueden contribuir a este fenómeno. La IL6 desempeña un papel importante en la red de mediadores inflamatorios y puede causar trastornos de la coagulación a través de diversas vías, como:

- la estimulación hepática para la síntesis de trombopoyetina y fibrinógeno
- aumento de la expresión del factor de crecimiento endotelial vascular
- expresión de los factores tisulares de los monocitos
- la activación del sistema de coagulación extrínseco

La trombina generada a su vez puede inducir al endotelio vascular a producir más IL-6 y otras citoquinas. Las tormentas de citoquina y los trastornos de la coagulación de este modo se retroalimentan.

Se ha observado también la alteración de las plaquetas por varias vías:

- daño indirecto mediante invasión de las células madre hematopoyéticas de la médula ósea
- daño directo mediante la activación del complemento

Además, la inflamación producida en el pulmón junto con la hipoxia de los casos con neumonía, causa la agregación plaquetaria y la trombosis, con un aumento de consumo de las plaquetas.

Todos estos factores contribuyen a desencadenar el estado de hipercoagulabilidad que se observa en los casos de COVID-19.

V
PRUEBAS PARA LA DETECCIÓN

La presencia de síntomas compatibles con el Covid-19 nos permiten tener índices de la presencia del virus en nuestro organismo. Pero existen distintos tipos de pruebas a las que podemos recurrir para confirmar el diagnóstico, cada una de ellas con diferente especificidad y sensibilidad:

- La especificidad es la capacidad que tiene la prueba para corroborar que un sujeto sano obtenga un resultado negativo.

- La sensibilidad es la capacidad que tienen la prueba para corroborar que un sujeto enfermo obtenga un resultado positivo.

La prueba más completa es la que posee una especificidad del 100% y una sensibilidad del 100%, para identificar a los verdaderos sanos y a los verdaderos enfermos. Por otro lado, se pueden analizar dos marcadores diferentes:

- Marcadores que detectan la presencia actual del virus en el organismo, es decir, nos sugiere que existe una infección activa.

- Marcadores que detectan la presencia de anticuerpos tras el contacto con el virus.

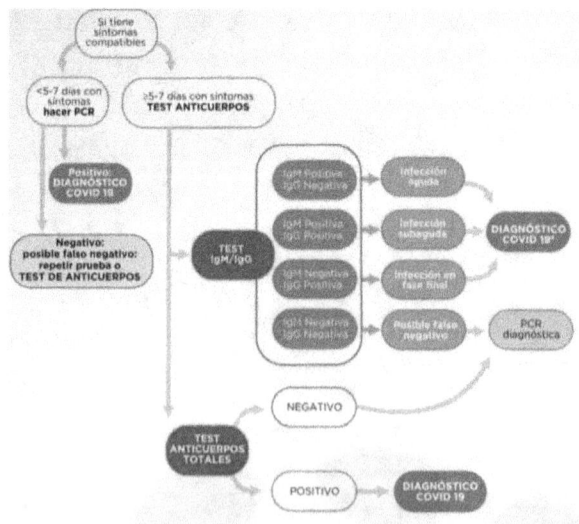

La infección por Covid-19 se puede detectar a través de tres tipos de pruebas diagnósticas:

- PCR es una prueba diagnóstica mediante frotis nasofaríngeo que detecta la infección o presencia del virus.
- ELISA o Test serológico mediante análisis de sangre permite detectar los anticuerpos producidos tras el contacto con el virus
- Pruebas rápidas, son pruebas cualitativas (no cuantitativas) y presentan unos datos de sensibilidad y especificidad inferiores. Analizan una muestra de saliva, frotis nasal o punción capilar y su resultado está en 10-15 minutos.

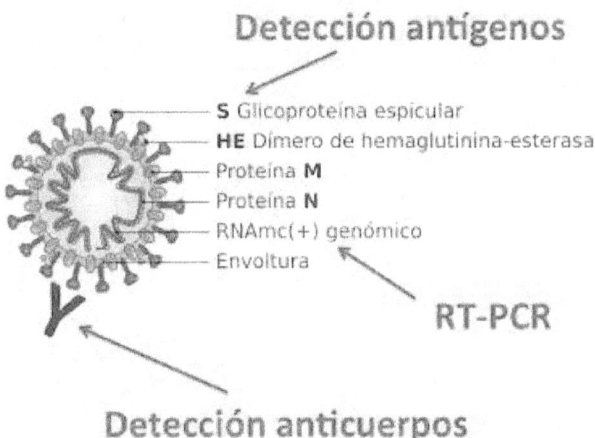

Las pruebas más fiables para detectar la presencia del virus son las de ARN, también llamadas test moleculares, que detectan la presencia del material genético del virus. Los test moleculares están basados en la tecnología de la PCR (reacción en cadena de la polimerasa) o de la TMA (amplificación mediada por transcripción).

Recientemente se ha desarrollado un test molecular para detectar el virus SARS-CoV-2 y dos test inmunológicos que identifican anticuerpos para el diagnóstico de COVID-19

Existen varios tipos de test dependiendo de si detectan la presencia del virus o el nivel de anticuerpos que desarrollan los pacientes. Los test se diferencian en:

- el origen de las muestras analizadas (nasal, oral, sangre, suero o plasma)
- el tiempo que se tarda en procesar la muestra y en analizar los resultados
- las tasas de sensibilidad y especificidad.

la PCR y el test de antígenos detectan directamente el virus (el genoma o sus proteínas). Evidentemente que estos test den positivo no implica siempre que el virus esté activo y sea infectivo: podemos detectar su genoma o sus proteínas pero que el virus no esté completo y estemos detectando "restos" del virus.

Los test de anticuerpos detectan moléculas producidas por tu cuerpo cuando estás infectado, son por tanto test para evaluar la enfermedad. Que des positivo en cualquiera de estos test no significa siempre que seas infeccioso o que tengas la enfermedad activa.

El diagnóstico de una enfermedad no se basa solo en un test microbiológico sino que tiene en cuenta otros aspectos clínicos, los síntomas, otras analíticas. Los test microbiológicos ayudan el médico a diagnosticar una enfermedad.

TEST DE DIAGNÓSTICO Y CRIBADO DE COVID-19

	DETECCIÓN DE VIRUS		DETECCIÓN DE ANTICUERPOS	
	TEST DE ARN	TEST DE ANTÍGENOS	TEST DE ANTICUERPOS	
TIPO DE MUESTRA	NASAL/ORAL	NASAL/ORAL	SANGRE/SUERO/PLASMA	
MÉTODO	MOLECULAR	INMUNOLÓGICO	INMUNOLÓGICO	
CANTIDAD DE ANÁLISIS	+1000 MUESTRAS EN 3,5-4 HORAS	1 MUESTRA EN 10-15 MIN	1 MUESTRA EN 10-15 MIN	200 MUESTRAS POR HORA
SENSIBILIDAD	⬤⬤⬤⬤⬤	⬤⬤⬤	⬤⬤⬤	⬤⬤⬤⬤
ESPECIFICIDAD	⬤⬤⬤⬤⬤	⬤⬤⬤⬤⬤	⬤⬤⬤⬤⬤	⬤⬤⬤⬤⬤

VI

PCR

Método molecular basado en la detección del ARN del virus SARS-CoV-2 por RT-PCR. En la actualidad es la técnica de referencia para el diagnóstico del virus SARS-CoV-2 en las primeras fases de la enfermedad.

El diagnóstico microbiológico de COVID-19 se ha basado principalmente en la detección del material genético (ARN) viral del SARS-CoV-2 mediante técnicas de RT-PCR (siglas de Reacción en Cadena de la Polimerasa con Transcriptasa Inversa) en exudado nasofaríngeo u orofaríngeo.

La detección molecular del virus SARS-CoV-2 es muy específica, por lo tanto, un positivo confirma la detección del virus. Un resultado negativo no siempre significa ausencia del virus ya que depende de la carga viral de la muestra.

Si se obtiene un resultado negativo de un paciente con alta sospecha de infección por el virus SARS-CoV-2, se deberá confirmar con una nueva prueba.

Detección de ARN viral mediante RT-PCR se realiza en una muestra de exudado nasofaríngeo (PCR convencional) La RT-PCR es una técnica muy sensible y específica, se considera la técnica de referencia para el diagnóstico de infección activa en pacientes tanto sintomáticos como asintomáticos.

El ADN humano se elimina antes de hacer la PCR, se extrae sólo ARN tras degradar el ADN que provenga de nuestras células y de bacterias, se purifica el ARN del virus que se extrae de la muestra y se mezcla con una enzima llamada transcriptasa inversa, que convierte el ARN de una sola cadena en ADN de doble cadena.

El ADN vírico se añade a un tubo de ensayo junto con cebadores, nucleótidos —los bloques de construcción que componen el ADN— y una enzima constructora del ADN.

La máquina PCR calienta la mezcla. Esto hace que el ADN de doble cadena se desenrede y el cebador pueda unirse al ADN a medida que se enfría, proporcionando un punto de partida para que la enzima constructora de ADN lo copie. Este proceso continúa a través de repetidos calentamientos y enfriamientos hasta que se han creado millones de copias del ADN.

La fluorescencia aumenta a medida que se producen más copias gracias a una sonda fluorescente y, si cruza un cierto umbral, la prueba es positiva.

Si el virus no estaba presente en la muestra, la prueba PCR no habrá hecho copias, por lo que el umbral de fluorescencia no se alcanzará y, en ese caso, la prueba será negativa.

Hacen falta dos cebadores y una sonda fluorescente que coincidan para amplificar el material.

Para la amplificación por PCR es necesario un segundo cebador para producir la multiplicación del fragmento que se encuentra entre ambos cebadores. En el caso del coronavirus, este segundo cebador que se engancharía produce la amplificación de un fragmento de 108 pares de bases de nucleótidos.

Para el diagnóstico de la infección por SARS-CoV-2 se utiliza una PCR en tiempo real o qPCR que utiliza una sonda fluorogénica que también debe ser complementaria a una zona del fragmento amplificado.

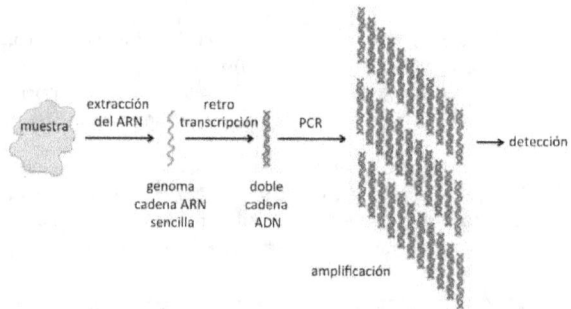

Si el virus no está presente no se amplificaría ningún fragmento y además no se añadiría la sonda específica que es la que acaba generando la señal que determina un diagnóstico positivo.

Todos los métodos de RT-PCR (el tipo de PCR usada para detectar el coronavirus SARS-CoV-2) usan dos cebadores y una sonda fluorescente. Tienen que coincidir exactamente las secuencias de las tres, pero muy especialmente la de la sonda fluorescente que detecta el fragmento que se amplifica entre las dos secuencias. Como la sonda no coincide, entonces, sin virus, no habría señal de amplificación por RT-PCR.

Desde el punto de vista técnico, el proceso de realización de la PCR es laborioso: requiere pasos previos de inactivación de la muestra y de extracción de ARN, por lo que el tiempo total de ejecución (en condiciones óptimas) no supera las 5 horas y el tiempo de respuesta es de 12 a 24 horas en condiciones óptimas. La realización de un gran número de determinaciones conlleva la necesidad de suministrar de manera continuada no sólo los kits de PCR, sino otros muchos materiales necesarios como torundas y medios de transporte para la toma de muestras, soluciones de inactivación, reactivos de extracción y diferentes tipos de material fungible.

UÍA PRÁCTICA SOBRE LA TÉCNICA DE PCR

La PCR "Reacción en Cadena de la Polimerasa" (en inglés de Polymerase Chain Reaction) es una técnica utilizada en biología molecular que permite conseguir una gran cantidad de copias de un fragmento de ADN, partiendo de una cantidad ínfima de esta biomolécula. La PCR se basa en una actividad enzimática que sucede de forma normal en las células de nuestro organismo.

En las células, ADN polimerasas son capaces de replicar el ADN nuclear, para obtener dos copias idénticas, que después serán repartidas a las células hijas en la mitosis. De este modo, en la PCR las polimerasas serán capaces de replicar un fragmento de ADN, en varios ciclos, para obtener una gran cantidad de copias idénticas. Tiene múltiples aplicaciones, la más escuchada actualmente es para el diagnóstico, ya que se logra detectar un fragmento del material genético de un patógeno específico.

La idea básica de la técnica es sintetizar muchas veces un pedazo o fragmento de ADN utilizando una polimerasa que puede trabajar a temperaturas muy elevadas, ya que proviene de la bacteria Thermus aquaticus que vive a altas temperaturas ($79°C$ a $85°C$), de ahí su nombre comercial más conocido: taq polimerasa.

La técnica amplifica ADN, por lo que en el caso de del ARN vírico es necesario primero convertirlo a ADN (por transcripción inversa, RT, reverse transcription) para a partir de entonces iniciar el proceso de PCR(lo que se llama RT-PCR). Una vez el genoma de interés es secuenciado (como en el caso del SARS-CoV-2, cuya secuencia fue dilucidada a las pocas semanas de su aparición), es necesario encontrar aquellas regiones únicas que lo diferencian de otros virus de la misma familia (que serán las que se amplificarán, previo diseño de sondas de detección), para otorgar a la técnica de la especificidad necesaria. Hoy en día, la síntesis de las sondas de detección se puede realizar a gran escala, por lo que esta técnica fue la primera en ponerse a punto ya a principios de enero, con multitud de empresas sintetizando los kits de reactivos (sondas de detección) necesarios para la detección de SARS-CoV-2.

Cuando hacemos una reacción de PCR simulamos lo que sucede en una célula cuando se sintetiza el ADN y en el tubo se mezclan todos los ingredientes necesarios para hacerlo:

- la polimerasa,

- el ADN del organismo que queremos estudiar –donde se encuentra el fragmento que queremos sintetizar

- los oligonucleótidos (llamados también primers, iniciadores, cebadores, "oligos", etc.) necesarios para que se inicie la transcripción, dinucleótidos (dNTPs)

- las condiciones para que la enzima trabaje adecuadamente (cierto pH, determinadas cantidades de magnesio en forma de MgCl2, KCl, y pueden necesitarse otras sales o reactivos, dependiendo de cada polimerasa).

Supongamos que ya tenemos los tubos listos con todo lo necesario para que la síntesis del fragmento que nos interesa que se lleve a cabo (taq polimerasa, dinucleótidos, ADN, agua, buffer con magnesio y otras sales, y oligonucleótidos).

Se colocan los tubos en una máquina conocida como termociclador, que básicamente sirve para calentarlos o enfriarlos a temperaturas muy precisas. amplificación de los fragmentos

- Primero: el termociclador calienta o enfría los tubos a tres temperaturas distintas, que se repiten una y otra vez (lo que se llama los ciclos de reacción)

- la primera es a 95°C (y a este paso se le llama desnaturalización) durante la cual las dobles cadenas del ADN se abren o desnaturalizan, quedando en forma de cadenas sencillas;

- después el termociclador ajusta la temperatura en un intervalo entre 40° y 60°C (llamada de alineamiento), a esta temperatura se forman y se rompen constantemente los puentes de hidrógeno entre los oligonucleótidos y el ADN, y aquellas uniones más estables (las que son complementarias) durarán mayor tiempo, quedando los oligonucleótidos "alineados" formando una pequeña región de doble cadena. La polimerasa se une a este pequeño pedazo de ADN de doble cadena y comienza a copiar en sentido 5' a 3'; al agregar unas bases más, los puentes de hidrógeno que se forman entre las bases estabilizan más la unión y el oligonucleótido permanece en este sitio para el siguiente paso.

- Después la temperatura sube a 72°C (paso que se conoce como extensión), ya que 72°C es la temperatura en la cual la polimerasa alcanza su máxima actividad, y continúa la síntesis de los fragmentos de ADN a partir de los oligonucleótidos que ya se habían alineado.

En el primer ciclo, con estas tres temperaturas, se sintetizarán los primeros fragmentos a partir del ADN genómico.

Estos primeros fragmentos no tendrán el tamaño esperado, serán un poco más grandes ya que la taq copiará hasta donde le sea posible, pero se obtendrán en cantidades tan pequeñas que al final no podremos detectarlos.

Después se repiten una vez más las tres temperaturas, pero en este segundo ciclo:

- los oligonucleótidos se unirán al ADN que pusimos al inicio y a los fragmentos recién sintetizados del primer ciclo.

- la polimerasa sintetizará 2 fragmentos largos copiados directamente del ADN y 2 fragmentos del tamaño esperado, que es el tamaño que hay entre los dos oligonucleótidos que hemos usado.

De esta forma con cada ciclo aumentará el número de fragmentos del tamaño que queremos.

Antes y después de estos ciclos se programan dos pasos, uno de 95°C durante varios minutos para iniciar con desnaturalización, y al final de los ciclos, un paso último de extensión a 72°C para permitir que la taq termine de sintetizar todos los fragmentos que pueden haber quedado incompletos.

Para este tipo de PCR es necesario que uno de los oligonucleótidos tenga la misma secuencia que se encuentra en una de las cadenas del ADN, y el otro deberá llevar la secuencia complementaria que estará al final del fragmento que se quiere amplificar (por lo cual se les llama forward y reverse) para que uno sea complementario a la cadena que forma el otro; si no es así no podría amplificarse el sitio que se necesita. Como cada pedazo sintetizado sirve como base para sintetizar otros en el siguiente ciclo, el número de copias aumentará en forma exponencial.

Con una sola molécula de ADN, en el ciclo 1 se producen 21=2 nuevos fragmentos, en el ciclo 2 serán 22, esto es, 4 fragmentos recién sintetizados, y así, con 35 ciclos de PCR se producirán 21+22...+ 234+235= 236 nuevos fragmentos, de los cuales sólo 70 serán fragmentos de un tamaño mayor al esperado (2 por cada ciclo) obtenidos al sintetizarlos directamente del ADN genómico; esta pequeña cantidad es casi imposible de detectar al analizar nuestros productos.

La PCR tiene diferentes métodos o aplicaciones en función de lo que nos interese investigar (como son los RAPDs, AFLPs, ISSRs, SSCP....). El primer paso es tener claro el tipo de información que necesitamos para elegir

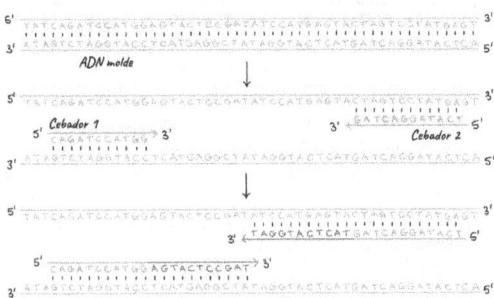

o diseñar la estrategia más apropiada para nuestro trabajo. Brevemente podemos dividir la técnica en dos categorías:

1) PCRs para la amplificación de un solo sitio conocido del genoma (locus).

Estos PCRs requieren conocer la secuencia que se trabaja (por ejemplo cuando amplificamos un gen específico como el 16S), en cuyo caso se utilizan oligonucleótidos diseñados a partir de la secuencia de ese gen y se obtiene un solo fragmento de un tamaño ya conocido. Con este tipo de PCRs es posible hacer filogenias, y para obtener los datos hay distintos caminos: desde hacer geles especiales que detectan cambios hasta de una sola base entre las secuencias (SSCP), hasta utilizar enzimas de restricción para generar patrones de cada individuo, aunque lo ideal es obtener la secuencia completa del gen que amplificamos, sobre todo cuando se desea responder a preguntas relacionadas con las fuerzas evolutivas que han actuado sobre él. El gen secuenciado puede ser analizado desde varias perspectivas.

2) PCRs en los que no es necesario conocer la región que se está amplificando (se amplifican regiones no conocidas, como zonas hipervariables del genoma), por lo cual no se sabe el tamaño del fragmento (o fragmentos) que se esperan.

Éstos se utilizan para determinar polimorfismo genómico y son los más comunes para fingerprint, ya que es sencillo obtener los datos (un gel de agarosa después del PCR es suficiente), se observan varios loci simultáneamente y la información de las zonas variables permite inferir los datos necesarios para análisis de genética de poblaciones. En general este tipo de PCRs utiliza un solo oligonucleótido con 2 características importantes:

- que sea de pequeño a mediano (de 6 a 18 bases)
- que su secuencia esté presente muchas veces en el ADN del organismo que estudiamos.

Existen zonas repetidas hipervariables del ADN que pueden amplificarse de esta manera, por ejemplo los sitios que sirven para iniciar la síntesis de ADN en los cromosomas, conocidas como microsatélites.

En el primer ciclo de reacción lo que sucederá es que el oligonucleótido utilizado hibridará en distintas zonas del ADN, y primero comenzarán a sintetizarse fragmentos de tamaños variables e indefinidos (hasta donde la polimerasa logre copiarlos).

En el segundo ciclo las cadenas sintetizadas a partir de las primeras copias formadas serán del tamaño que existe entre dos oligonucleótidos que no estén muy alejados entre sí. Estos fragmentos se copiarán una y otra vez, y de esta manera al final obtendremos muchos fragmentos de tamaños diferentes, de los que conoceremos la secuencia con que inician y terminan, pero no la secuencia completa de cada uno.

El Coronavirus SRAS-CoV-2 contiene como ácido nucleico ARN (tiene una sola hélice), la cual se transcribe de forma inversa en DNA complementario (cDNA) para luego realizar la técnica de PCR cuantitativa o también denominada en tiempo real (qPCR).

En la qPCR se realiza un marcaje con compuestos fluorescentes lo cual permite la recopilación de datos a medida que la PCR avanza. Durante cada ciclo, se mide la fluorescencia y la señal de fluorescencia aumenta proporcionalmente a la cantidad de DNA replicado, por este motivo, el DNA se cuantifica en «tiempo real». Esta prueba tiene una fiabilidad superior al 90%, por eso es la prueba estándar.

1. Se extrae el ARN viral, se purifica y se transcribe a ADN(c) por medio de una transcripción inversa.
2. El ADN se mezcla con componentes diseñados para replicar o copiar este fragmento millones de veces en un equipo que permite ciclos de calentamiento con alta precisión. Mientras se realizan las copias se emite una fluorescencia, capturada por sensores especiales los cuales se traducen en datos para interpretar la cantidad de copias generadas.
3. Cuando la fluorescencia supera un umbral base, la prueba es positiva

EQUIPOS

- Cabina de Bioseguridad
- Equipo de PCR en tiempo real
- Micropipetas (2-20 ul, 20-200 ul, 100-1000 ul)
- Vortex
- Bloque de Calentamiento
- Microcentrifuga

REACTIVOS

- Hisopo (para toma de muestra)
- Medio de transporte para preservación de muestra
- Kit de detección qPCR de Covid 19 (incluye agente de extracción de ARN)

43

CONSUMIBLES

- Puntas con Filtro libres: DNase & RNase Free,PP, de 10 ul, 200 ul, 1000 ul
- Tubos PCR 0.2ml, 8-Tiras con Strip tapas, PP, libre de DNase & RNase
- Tubos para Microcentrífuga 1.5ml, Libre de DNase & RNase

Es el método más sensible y específico que detecta el ARN del virus, es decir, si hay infección o presencia del virus. Se hace mediante frotis nasofaríngeo, introduciendo un bastoncillo en la parte posterior de la nariz para obtener la muestra. La prueba puede ser incómoda, causar cosquilleo, lagrimeo o tos. Este test no es inmediato, sino que se analiza en el laboratorio y los resultados pueden ser:

- Positivo: significa que el virus está presente en la muestra y que la persona está infectada.
- Negativo: significa que el virus no está presente y la persona no está infectada, aunque puede haberlo estado anteriormente, por lo que puede ser necesario realizar una segunda prueba.

MATERIAL NECESARIO PARA HACER UNA PCR

La polimerasa comercial siempre viene acompañada de un buffer o amortiguador con las sales que se requieren, y si es necesario afinar las condiciones del PCR, se puede pedir el cloruro de magnesio, MgCl2, aparte.

El agua que se utiliza en una reacción de PCR debe tener muy pocas sales (bidestilada), si hay variaciones en la cantidad de iones entre una reacción y otra podría haber problemas.

Casi todos los termocicladores funcionan con tubos de 0.2 ml cuyas paredes son muy delgadas para que se ajuste mejor la temperatura al interior del tubo cuando se hace la reacción.

Todo el material deberá venir certificado: libre de ARNasas y ADNasas.

Existen termocicladores de todos tipos para todas las necesidades.

La reacción de PCR es muy sensible a cambios de iones, temperaturas, contaminantes que pueden estar en el ADN o en el agua... de un termociclador a otro puede haber variaciones.

Antes de empezar hay que preparar todos los reactivos, (la taq y los dNTPs, etc...) en alícuotas congeladas (los guardamos a –20ºC), calculando que cada alícuota sirva para unas 5 reacciones como máximo. Para hacer las alícuotas utilizamos puntas con filtro, para evitar contaminarlas (si tenemos algún tipo de contaminación, tiramos las alícuotas que usamos en ese momento, se descongelan nuevas, y de esta forma no tenemos que tirar todos los reactivos).

Por cada tubo sabemos qué cantidad agregar, y dependiendo del número de muestras que usaremos se calcula la cantidad necesaria de cada reactivo.

Para 10 muestras ponemos en un tubo eppendorf de 1.5 ml mezclamos las cantidades calculadas (excepto el ADN) y cada uno de los 10 tubos se llena con 49 μl de mezcla, y al final se agrega el ADN de cada muestra.

La mezcla de la PCR se tiene que hacer lo más homogénea posible, ya que es una causa muy común de errores, el congelar y descongelar cambia las concentraciones de los reactivos y/o forma gradientes dentro de los tubos, al homogeneizarlos aseguramos obtener resultados reproducibles.

Nos aseguramos de que todos los reactivos se descongelen totalmente sobre el hielo, y para utilizar siempre la misma cantidad de reactivo, cada tubo se invierte y se le dan golpecitos con los dedos.

Para el contenido que queda en las paredes utilizamos una microcentrífuga. Estos pasos se realizan con todos nuestros reactivos, excepto la polimerasa, que nunca sacamos del congelador de −20°C; cuando necesitamos usarla, en el mismo congelador tomamos lo que se necesite.

Al final, cuando ya hemos hecho la mezcla en el tubo y hemos agregado la taq, se invierte suavemente varias veces (sin hacer burbujas pues se desnaturaliza la polimerasa) y se vuelve a meter la mezcla en la una microcentrífuga.

Los tubos deben mantenerse en hielo o a 4°C hasta meterlos al termociclador, para evitar que la polimerasa sintetice fragmentos inespecíficos.

TEMPERATURAS Y CICLOS

- Desnaturalización inicial: 95°C de 5 a 10 mn

- 30 ciclos con desnaturalización a 95°C durante 30 s cada uno

- alineamiento a 50°C durante 30 s

- extensión a 72°C (tiempo variable)

- Extensión final a 72°C durante 10 mn (este paso no es estrictamente necesario, pero con él nos aseguramos que los fragmentos incompletos se terminen de sintetizar)

- Al final se programa la máquina para que conserve los tubos a 4°C.

En cuanto al tiempo, existe una regla que puede aplicarse a casi todas las PCRs: la temperatura de desnaturalización y de alineamiento es suficiente de 30 a 60 s. En una buena máquina que llega rápidamente a la temperatura programada, con 30 s es suficiente.

Para la extensión, dependiendo del tamaño que esperemos se utiliza más o menos tiempo para permitir que la polimerasa trabaje adecuadamente, si se espera un producto de 1 kb, con 1 min es suficiente, si es de 2 kb, 2 minutos, y si es menos, se hace la conversión equivalente.

Casi todas las PCRs funcionan bien con 30 ciclos, aunque pueden usarse desde 20 ciclos hasta 35.

LA TEMPERATURA DE ALINEAMIENTO

Si con estas temperaturas estándares el PCR no está dando buenos resultados se pueden hacer variaciones en la temperatura de alineamiento. Si la temperatura de alineamiento es muy baja, obtendremos una PCR menos específica, y si es muy alta, la especificidad será mayor (aunque si es demasiado alta no se amplificará nada, pues la unión de los oligonucleótidos con sus sitios complementarios será poco estable y la polimerasa no podrá iniciar la síntesis).

Para PCRs muy específicas en los que se amplifica una sola banda es importante elegir una temperatura de alineamiento que sea la correcta y que nos asegure que el gen que amplificamos es realmente el que queremos.

En el caso de PCRs de más de una banda si la temperatura que utilizamos no es tan específica podemos obtener poca reproducibilidad, ya que el oligo se pegará en cualquier parte al azar y no solamente en los sitios que son complementarios, lo que hará que se amplifiquen zonas distintas en un PCR y otro.

Para saber la temperatura de alineamiento que podría ser la mejor para nuestros oligos podemos calcular la Tm de cada oligo que utilizamos. Tm significa en inglés melting temperature y se refiere a la temperatura a la que se hibridan o se pegan los oligonucleótidos en los sitios que son complementarios. Este proceso dependerá principalmente del tipo de uniones (dobles o triples enlaces de hidrógeno) que formarán sus bases, y por eso la secuencia de cada oligo es la que se toma en cuenta para conocer cuál es la temperatura óptima para su alineamiento. Existen muchas maneras de calcularla, por ejemplo una sencilla es: $Tm = 4(G+C) + 2(A+T)$, aunque hay muchas otras que también pueden utilizarse (hay sitios en internet que lo calculan).

Conocer la Tm puede darnos una idea, pero no siempre es la temperatura que se utiliza en el termociclador, ya que también los iones y otras sustancias que haya en la reacción pueden influir en la forma en que se unen los oligos. Una de estas fórmulas toma en cuenta los iones, pero en general hay que probar experimentalmente hasta encontrar la temperatura óptima.

TÉCNICAS DE EXTRACCIÓN

Primero romper el tejido y las membranas celulares y nucleares, casi siempre con algún tipo de detergente (por ejemplo el SDS o el CTAB). Si quedan restos de SDS pueden neutralizarse utilizando 0.5% de Tween 20 o 40 en la reacción de PCR.

Después eliminar todos los componentes celulares que se liberan, y dejar al ADN limpio para poder amplificarlo. A veces se usan sales (como acetatos por ejemplo) que precipitan las proteínas pero no el ADN; o cloroformo y fenol que "atrapan" los lípidos y proteínas y dejan al ADN disuelto en agua. También el cloroformo y el fenol inhiben la reacción de PCR, así como el etanol.

Los tejidos tienen componentes característicos, que a veces no podemos quitar y que también inhiben la reacción de PCR, por lo que es necesario utilizar el protocolo aconsejado para el tipo de organismo que trabajemos.

Para saber si el ADN esté degradado hacemos correr una pequeña muestra de nuestro ADN en un gel, con esto incluso podemos ver si la cantidad de ADN que estamos utilizando es la correcta o no, y aunque sea indirectamente (no es una medida exacta) podremos hacer un cálculo visual de cuánto ADN tenemos por muestra.

La polimerasa necesita de iones de magnesio para funcionar adecuadamente y en general se puede probar con una concentración en un rango de 1 a 4 mM. Mucho magnesio inhibe a la polimerasa, y poco puede generar productos inespecíficos. Los dinucleótidos unen iones de magnesio. Para 1.5 mM de magnesio en la reacción de PCR, una concentración ideal de dNTPs es de 200 µM. Pequeños incrementos en la concentración de dNTPs pueden inhibir la reacción porque atraparán el magnesio necesario para que la polimerasa trabaje. Si cambiamos la concentración de dinucleótidos es importante tener en cuenta que existe una relación entre las cantidades de magnesio y las de dinucleótidos en la reacción.

Los dNTPs son muy inestables, si se descongelan más de 3 a 5 veces pueden no funcionar tan bien. Por eso recomendamos hacer pequeñas alícuotas, calculando que sirvan para 3 o 5 experimentos.

En general cada polimerasa viene con un buffer ya preparado con los reactivos necesarios para que funcione de forma adecuada. Casi todos están preparados con KCl y tris (un buffer 10X estándar contiene 500 mM KCl y 100 mM Tris-HCl, pH 8.3). Algunos buffers incluyen el magnesio necesario para la reacción, y puede suceder que al no notarlo y agregar magnesio extra se esté trabajando en concentraciones mayores a las que suponemos. Será necesario entonces pedir un buffer sin magnesio, y/o tomar en cuenta la concentración del magnesio que incluye (usualmente están preparados para quedar a 1.5 mM final en la reacción). También es posible utilizar aditivos que en ocasiones mejoran el rendimiento de las PCRs, aunque no siempre funcionan, a veces no tienen ningún efecto o a veces incluso podrían bajar el rendimiento en lugar de aumentarlo, así que hay que probar.

Es muy frecuente que los PCRs se contaminen. Para monitorearlo, siempre hay que trabajar con un control negativo: un tubo extra al que se le agreguen todos los reactivos utilizados en el PCR, excepto ADN. Si en esta muestra hay amplificación significa que en algún reactivo hay restos de ADN o de producto de PCR que está contaminando el experimento. Si esto sucede, consideramos lo más fácil es deshacerse de todas las alícuotas sospechosas (por eso es importante preparar alícuotas de todos los reactivos) y tomar alícuotas nuevas.

Los productos de PCR son frecuentemente los que contaminan, al ser moléculas de tamaño muy pequeño y al estar tan concentradas es fácil que una gotita de producto quede en una pipeta (las pipetas absorben el líquido por aspersión y las gotitas quedan regadas como si fueran spray); al preparar una mezcla posteriormente, esto contamina alguno de los reactivos que se utilizan. Para evitarlo existen puntas con filtro y pipetas especiales. También existen cabinas con luz UV y flujo laminar.

La luz UV forma dímeros de pirimidina entre las dobles cadenas de ADN, por lo que estas moléculas se vuelven imposibles de amplificar.

El flujo laminar evita contaminación de un tubo a otro, y es útil sobre todo si se trabaja con plásmidos o reamplificando productos de PCR ya que las moléculas pequeñas son altamente contaminantes.

Hay que separar las áreas de trabajo (la zona de preparación y la zona de amplificación; si no es posible, limpiar muy bien la zona con alcohol antes de preparar la mezcla del PCR, y trabajar siempre sobre un papel) y tener un juego de pipetas exclusivo para trabajar la mezcla para la reacción de PCR, separadas de las pipetas con las que se manejen los productos de PCR ya amplificados.

Otra fuente de contaminación es el ADN que amplificamos (ya sea de las muestras o el nuestro), al abrir y cerrar los tubos. La sugerencia más común es utilizar guantes, agregar el ADN al final en cada tubo, si es posible utilizar una pipeta sólo para el ADN, y si no hay, tener mucho cuidado y limpiar muy bien las pipetas después de agregarlo, guardar en lugares y/o cajas distintas los reactivos del PCR, las muestras de ADN y los productos de PCR. Para descontaminar utilizamos luz ultravioleta en las pipetas; las puntas y tubos los utilizamos directamente de las bolsas (de marcas certificadas, libres de ADNasas, ARNasas y ADN), con lo cual logramos eliminar la contaminación.

Además del control negativo que nos permite visualizar posibles casos de contaminación, una vez que se ha ajustado el protocolo de nuestro PCR es siempre recomendable incluir un control positivo. Éste es un tubo que contiene ADN de una muestra que haya amplificado adecuadamente y cuyo patrón de bandas es conocido. De esta manera, puede esperarse que si la reacción se llevó a cabo correctamente, esta muestra siempre salga. En caso contrario, si nuestro PCR no generó bandas en ninguna de las muestras, ni siquiera en el control positivo, puede suponerse que el error radica en que se nos olvidó agregar algún ingrediente o bien que los ciclos de temperatura no se llevaron a cabo adecuadamente, ya sea por problemas de la máquina o bien por error al elegir el programa de amplificación.

MÉTODOS PARA VISUALIZAR LA PCR: ELECTROFORESIS

La idea ahora es poder analizar el o los fragmentos obtenidos en el PCR, y la electroforesis, ya sea en geles de agarosa o de acrilamida, permite separar estos fragmentos de acuerdo al tamaño de cada uno. Tanto la agarosa como la acrilamida forman una especie de red con agujeros de tamaños diferentes, por la cual obligamos a pasar los fragmentos de ADN, "jalándolos" a través de corriente eléctrica, hacia el polo positivo, ya que la carga de una molécula de ADN es negativa por la presencia de grupos fosfato (P-).

Los fragmentos más pequeños pasarán primero a través de la red de agujeros, mientras que los más grandes se irán retrasando y atorando en los hoyos; de esta manera los fragmentos de tamaños similares migrarán a ritmos similares.

Si hay muchos fragmentos de un mismo tamaño se agruparán todos juntos, por lo que podremos verlos formando lo que llamamos una banda en el gel.

Las moléculas de acrilamida forman redes con tamaños de poros más uniformes y más pequeños que la agarosa, por lo que este tipo de gel es útil si los tamaños de los fragmentos que manejamos son pequeños; la separación puede ser tan fina que con algunas técnicas es posible separar moléculas de ADN que tienen una sola base de diferencia. El problema es que las técnicas de acrilamida son muy laboriosas.

La agarosa no forma redes tan uniformes, pero permite separar las moléculas de ADN en un intervalo muy grande. Utilizarla es muy sencillo y teñir los geles también lo es.

a) Métodos para geles de agarosa

Será necesario tener en el laboratorio equipo que nos permita trabajar con los geles:

- una cámara de electroforesis
- una fuente de poder, un transiluminador de luz UV
- equipo de fotografía (lo más sencillo: una cámara polaroid, un filtro para luz UV y un cono adaptado a la cámara, o también existen cámaras especiales y equipo de cómputo específico para ello) para guardar la imagen del gel.

Para empezar hay que preparar el buffer de corrida, el cual tendrá el pH requerido y los iones necesarios para que fluya la corriente y pueda migrar el ADN. Si en lugar de buffer utilizáramos agua, el ADN se quedaría inmóvil y no veríamos migración en los geles, y si por el contrario utilizáramos un exceso de sales, el gel se calentaría tanto que al final acabaría por derretirse.

El buffer más común es el TBE (Tris Boratos EDTA), que por ser muy estable puede reutilizarse varias veces. También se utiliza con frecuencia el buffer TAE (Tris Acetatos EDTA), que es menos estable que el TBE y tiende a ionizarse más rápido, pero permite obtener mejor separación de bandas, sobre todo si son de gran tamaño (1 kb o más).

Dependiendo del tamaño de los fragmentos que esperamos se utilizará una concentración de agarosa mayor o menor para obtener agujeros menos o más grandes y una mejor resolución de nuestras bandas. Si no conocemos el tamaño, se puede empezar con agarosa al.

La agarosa se disuelve en el mismo buffer que utilizaremos para la corrida, y se calienta hasta ebullición para disolver bien el polvo. Hay que tener cuidado de retirarla del calor o del microondas en cuanto comienza a hervir, pues podría derramarse.

Pesamos el matraz donde se prepara el gel antes y después de calentarlo, y le agregamos el agua que haya perdido durante el calentamiento, para asegurar que la concentración de agarosa sea la correcta. La solución se agitará suavemente para evitar la formación de burbujas, y cuando se enfríe un poco (aprox. 60°C) se vierte de una sola vez en el contenedor de geles al que ya le colocamos el peine para que se formen los pozos en donde cargaremos las muestras. Si quedan algunas burbujas, rápidamente con la punta de una pipeta podemos picarlas y quitarlas; si se dejan pueden hacer que la electroforesis no migre en forma homogénea. Cuando se enfríe y solidifique agregamos el buffer necesario hasta cubrir BIEN el gel (hemos visto que de esta forma el peine puede quitar más fácilmente), y después se retira el peine con cuidado para no romper el fondo de los pozos.

b) Cargando el gel

Con una pipeta, cada muestra se vierte en un pozo, mezclada previamente con 1 ó 2 microlitros de colorante de corrida. Generalmente los colorantes de corrida llevan alguna sustancia espesa, como glicerol o sacarosa, que permite que la muestra caiga hacia el fondo del pozo, y los colorantes (como el xilencianol o azul de bromofenol) nos dan una idea de cómo van migrando los fragmentos (en un gel de agarosa al 1%, el azul de bromofenol migra junto con los fragmentos de 300 pb, y el xilencianol migra igual que los fragmentos de 4 kb). No es necesario utilizar toda la muestra de PCR en una corrida, puede utilizarse del 10% al 20% de la cantidad total del PCR que hicimos (i.e. si en total son 50 µl, se cargarán 5 µl de muestra).

En un parafilm depositamos unas gotitas de colorante (las necesarias para el número de muestras que usemos) y después agregamos la gotita de la muestra a cargar sobre la gota de colorante. Con cuidado de no hacer burbujas las mezclamos subiendo y bajando con la pipeta. La punta de la pipeta se mete un poco en el pozo (sin romperlo) y lentamente se vacía la pipeta para cargar el gel. Para que las muestras no se derramen y no se mezclen unas con otras hay que evitar llenar el pozo hasta arriba. Por lo menos un carril del gel siempre deberá tener un marcador de peso molecular (muchas casas comerciales los venden) como control para saber el tamaño de las bandas que tendremos.

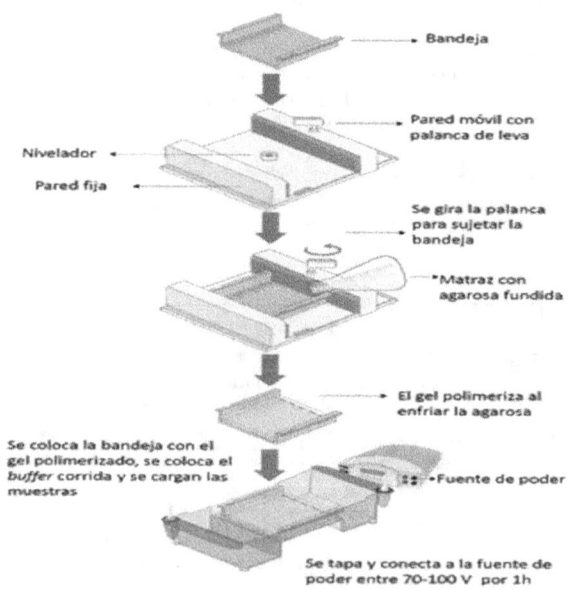

Tampoco debe olvidarse poner en el gel los controles negativo y positivo. El PCR sobrante lo guardamos congelado a -20°C por si lo necesitamos después. Cuando el gel está listo se conectan los cables, lo más común es un cable rojo para conectarlo al polo positivo y uno negro en el negativo. El ADN migrará hacia el polo positivo ya que los fosfatos de la molécula le confieren carga negativa, por lo que hay que asegurarse que la corrida del gel sea hacia el cable rojo, o polo positivo.

Para el voltaje, se recomienda utilizar 5 volts por cada centímetro que exista entre los dos electrodos de nuestra cámara (i.e. si la cámara mide 30 cm se correrá a 150V), esta medida se aplica cuando tenemos fragmentos grandes, de más de 2 kb; para un PCR con fragmentos pequeños, de 100 pb hasta 1 kb, se suele utilizar casi siempre 90 a 100 volts para geles pequeños y/o grandes, y los dejamos 1 ó 2 horas, dependiendo del largo del gel.

c) Tinción del gel

Lo más común es utilizar bromuro de etidio, que es una molécula con dos propiedades importantes: se intercala en las bases del ADN y brilla con luz UV a una longitud de onda determinada (264-366 nm) con lo cual podemos observar las bandas de ADN en el gel.

El bromuro de etidio es un mutágeno y es altamente tóxico, por lo cual es necesario utilizar guantes y bata para su manejo. Es recomendable apartar un área del laboratorio y material exclusivo para su uso.

Los geles con bromuro deberán juntarse y desecharse con alguna compañía de desechos tóxicos, así como las puntas y guantes contaminados. Las soluciones con bromuro pueden inactivarse, al final hay una lista de 3 sitios en los que dan indicaciones de cómo hacerlo. Si de derrama una pequeña cantidad, hay que absorber muy bien con toallas de papel y después con alcohol (las toallas se juntan en una bolsa para inactivar el bromuro que quede en ellas). Cuando no estamos seguros si algo está o no contaminado con bromuro lo exponemos a la luz UV y si no hay fluorescencia es que no hay bromuro.

Hay dos maneras de teñir el gel:

- Cuando la agarosa está a unos 60°C, antes de verterla, se añade el bromuro de etidio directamente para que quede a una concentración de 0.5 µg/ml en el gel. De esta forma al terminar la corrida puede verse el gel. La desventaja es que el bromuro retarda la migración de las moléculas de ADN, y además la cámara de electroforesis queda contaminada con el bromuro, es por esto que hay quien prefiere
- Teñirlo después de la corrida: el gel se sumerge en una solución de 0.5 µg/ml de bromuro de etidio por 30 a 40 mn y

así no se contaminan las cámaras y el ADN migra más rápido, pero es un método más lento.

Al terminar se pone el gel en el transiluminador para verlo. La luz UV puede dañar la piel y los ojos, por lo que será necesario protegerse a través de un acrílico especial y protectores de la cara y/o los ojos.

TMA (amplificación mediada por transcripción),

Funciona de manera muy similar a los tests de PCR.

Se obtiene una muestra de la garganta con un hisopo, se amplifica el material genético con una enzima del grupo de las polimerasas y se comprueba si la muestra contiene material genético del virus.

En el caso de la TMA analiza secuencias de ARN, por lo que es una técnica óptima para la detección del coronavirus, ya que su genoma no está compuesto de ADN sino de ARN.

Para realizar el diagnóstico, las muestras deben ser procesadas en las máquinas que tienen capacidad para analizar mil muestras diarias. liaría en unos 20.000 tests diarios.

VII

TEST RÁPIDOS

Existen dos tipos de test rápidos:

Por un lado, los antigénicos se hacen a partir de una muestra respiratoria del fondo de la nariz o la boca, obtenida con un bastoncillo, y sirven para detectar las proteínas (antígenos) de la superficie del virus.

Por otro lado, existen los test serológicos, donde se toma una muestra de sangre para detectar los anticuerpos que producen las defensas del organismo días después de ser infectado por el virus.

A través de una muestra de sangre, son capaces de detectar anticuerpos producidos frente al virus y a través de muestras respiratorias de exudado nasofaríngeo, pueden detectar proteínas del virus.

Utilizan como antígenos virales la nucleoproteína, la proteína S y el dominio de unión al receptor de la proteína, han demostrado su utilidad diagnóstica en series de casos y en las que detectan anticuerpos totales, IgM e IgG, con una sensibilidad creciente en el curso de la infección, que es mayor del 90% a la segunda semana tras el inicio de los síntomas.

La capacidad de detección de anticuerpos con las pruebas comerciales de diagnóstico serológico puede descender de forma significativa a lo largo del tiempo por descender los títulos de anticuerpos por debajo del umbral de detección de la prueba. Este efecto puede ser mayor en personas sin síntomas o con síntomas leves, las cuales tienen una respuesta inmune menor. Como ocurre en otras infecciones, la ausencia de detección de anticuerpos mediante técnicas serológicas, no implica la ausencia de inmunidad protectora en el individuo y por tanto, la eficaz prevención de futuras infecciones.

PRUEBA DE ANTÍGENOS

En este caso la detección es del virus entero a partir de la detección de los llamados antígenos virales (es decir las proteínas que lo conforman). Detectar sus proteínas o antígenos.

Generalmente esta estrategia se basa en la detección de las proteínas estructurales como sería la proteína S, en caso de detección completa del virus, o la proteína N, para detección de partes o fragmentos del virus, mediante el uso de anticuerpos específicos, que las detectan cuando capturan al virus.

La mayoría de los RADTs (rapid antigen detection tests) se basan en ensayos de flujo lateral o tiras reactivas (salvando algunas diferencias, parecidos a los tests de embarazo disponibles en farmacias).

El test rápido de antígenos del SARS-CoV-2 es un inmunoensayo cromatográfico rápido destinado a la detección cualitativa de un antígeno específico del SARS-CoV-2 presente en la nasofaringe humana.

Esta prueba es realizada por profesionales de la salud utilizando un hisopo nasofaríngeo recogido de un paciente. La prueba tiene una sensibilidad del 96,52% y una especificidad del 99,68. Los resultados están listos en sólo 15 minutos.

El antígeno de COVID-19 es una prueba de diagnóstico directo del virus que detecta partículas estructurales del mismo en muestras respiratorias (hisopo nasofaríngeo) de exudado nasofaríngeo.

La gran ventaja es que permite tener el resultado en 15 minutos y es un aprueba con elevada sensibilidad en los primeros días de la infección. La sensibilidad en los primeros días de contagio (0-3 días) es de un 100% y del 4-7 día del 90%.

Esto permite un diagnóstico rápido y urgente de aquellos pacientes con sintomatología o que hayan tenido contacto estrecho con otra persona con diagnóstico positivo al virus.

La mayoría se basan en la técnica de inmunocromatografía de difusión (lateral-flow) marcada con oro coloidal, y se presentan en pequeños kits que contienen todo el material necesario, incluyendo las torundas, para hacer las determinaciones individualmente.

Son técnicas cuyo principal potencial es el de proporcionar un diagnóstico rápido (15-20 min), en el lugar de atención sanitaria y mediante un procedimiento sencillo y bajo coste. Esto permite iniciar las acciones de control de forma inmediata. Recientemente se han desarrollado nuevos kits de detección de antígeno que presentan unos buenos resultados de sensibilidad (>90%) especificidad (>95%) respecto a la RT-PCR en estudios en pacientes sintomáticos con menos de 7días de evolución.

Se trata de técnicas para realizar en el punto de atención sanitaria tras la toma de la muestra, que se realizan con exudado nasofaríngeo, y que muestran su mayor eficacia en los primeros siete días tras el inicio de síntomas. Los datos de los estudios sugieren que tiene una alta sensibilidad en pacientes sintomáticos y que en asintomáticos la sensibilidad también podría ser alta, según los datos preliminares del estudio de validación.

El Centro Nacional de Microbiología del Instituto de Salud Carlos III ha realizado estudios de validación de una de estas técnicas dando unos resultados de sensibilidad de 98,2% y especificidad mayor de 99% en pacientes sintomáticos con 5 o menos días de evolución, y una sensibilidad de 93,1% en pacientes con 7 días o menos de evolución.

El fundamento de esta prueba es que sobre un soporte se fijan anticuerpos específicos que reaccionarán contra alguna proteína del virus. En este caso es contra las proteínas de la superficie de la envoltura (proteína S), las que se proyectan hacia el exterior y forman esas espículas que dan el nombre a este tipo de virus, corona-virus.

Esta prueba u otras similares que se comercialicen pueden constituir una buena herramienta en la estrategia diagnóstica de COVID-19. Tienen la limitación del descenso de la sensibilidad si se retrasa la realización de la prueba desde la toma de muestra (se ha de realizar en un máximo de 2 horas tras la toma de la muestra). Por ello, su uso masivo requeriría una reorganización de los centros donde se plantea su realización (centros sociosanitarios, centros de atención primaria, centros e instituciones cerradas, servicios de urgencias hospitalarias o incluso centros educativos). Además, implicaría la toma de otra muestra nasofaríngea adicional con torunda y medio preservante de virus en caso de que se quisiera también realizar una RT-PC

Hay distintas técnicas o soportes sobre los que hacer este tipo de test, pero en definitiva más o menos todos tienen el mismo fundamento. Sobre un soporte se fijan anticuerpos específicos que reaccionarán contra alguna proteína del virus. Se suele emplear la proteína de la superficie de la envoltura (la proteína S), que se proyecta hacia el exterior. Si en la muestra hay partículas virales, éstas quedarán fijadas al anticuerpo. Es como si el virus o sus proteínas hubieran sido capturados por el anticuerpo
. A continuación, se añade un segundo anticuerpo contra el virus de manera que se forme un emparedado o "sándwich": anticuerpo-virus-anticuerpo. Este segundo anticuerpo estará marcado o señalado de alguna manera para poner de manifiesto la reacción.

Si la reacción es positiva, demuestra que había proteínas del virus, es decir que la persona estaba infectada.

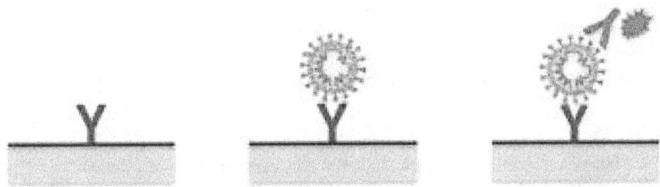

Este tipo de test basado en la detección de moléculas es muy habitual en diagnóstico clínico. Su fundamento es el mismo que las tradicionales pruebas de detección de drogas o los test de embarazo. En el caso que nos ocupa, tardó en aparecer en escena porque se requiere el empleo de

anticuerpos de captura específicos frente a este virus concreto. La ventaja es que son mucho más rápidos, y según el tipo de soporte, se pueden realizar en unos pocos minutos. No necesitan un equipamiento especifico ni un personal técnico altamente cualificado. Son más baratos. La desventaja es que son mucho menos específicos y sensibles que la RT-PCR.

La reacción sea positiva no implica que el virus esté activo y sea infectivo. Es decir, podemos detectar su genoma o sus proteínas pero que el virus no esté completo, es decir, podemos estar detectando "restos" del virus.

Su especificidad (la probabilidad de que una persona sana de resultado negativo) es similar a la de la PCR. Esto quiere decir que el número de falsos positivos es bajo. Pero su sensibilidad (la probabilidad de que un infectado de resultado positivo) es menor que la PCR. Esto significa que pueden dar más falsos negativos que la PCR. La PCR es mucho más sensible que la detección de antígenos: mientras que mediante la PCR (una técnica que lleva consigo una amplificación) podemos llegar a detectar una molécula de RNA viral por microlitro, con los test de antígenos necesitamos miles o decenas de miles de proteínas del virus por microlitro para que el resultado sea positivo.

Este tipo de test pueden ser una buena herramienta para el diagnóstico porque al tener una sensibilidad menor que la PCR, los test de antígenos son positivos a concentraciones más altas del virus y eso puede tener su ventaja. Aunque no sabemos exactamente qué carga viral implica que uno es infeccioso o deja de serlo, podemos asumir que cuanto mayor sea la carga viral, mayor probabilidad de que uno sea contagioso.

Los test de antígenos pueden resultar muy útiles al principio de la infección, cuando la carga viral es más alta: unos días antes de aparecer los síntomas y una semana después. El problema de la PCR es que es tan sensible que puede seguir siendo positiva varias semanas después de la aparición de los síntomas, por detectar incluso restos del genoma viral no activo, no infeccioso. Los test de antígenos podemos hacerlos con mucha mayor frecuencia: es mejor un test (barato y sencillo) que puedes hacer dos veces por semana, por ejemplo, que otro (más caro y complejo como la PCR) que haces cada dos semanas.

El estado de la infección o la enfermedad se debe siempre correlacionar con el historial clínico y con otra información diagnóstica. La interpretación de un test siempre hay que hacerla dentro de un contexto clínico. Por ejemplo, si el test de antígenos sale negativo pero la persona tiene algún síntoma, se podría combinar con la PCR, mucho más sensible. Los test de antígenos pueden ser una herramienta muy útil en atención primaria. Como pueden repetirse con mucha más facilidad que las PCR pueden ser una buena alternativa para monitorizar y hacer un seguimiento en determinados grupos o colectivos: residencia de ancianos, centros sanitarios, colegios, ...

LOS TEST SEROLÓGICOS

Se toma una muestra de sangre para detectar los anticuerpos que producen las defensas del organismo días después de ser infectado por el virus.

Los kits tiene un funcionamiento son iguales que los de detección de antígenos y se basan también en la técnica de inmunocromatografía en papel.

En el papel tiene 'pegados' moléculas del virus que reconocen los anticuerpos generados por nuestro organismo para defenderse.

Lo que se detecta no es al virus directamente, sino los anticuerpos que el organismo ha producido para defenderse de él. El resultado también indica que la persona está o ha estado infectada, en concreto, se reconoce un tipo de anticuerpo llamado inmunoglobulina M (IgM), que son las primeras en aparecer en cualquier infección.

Se producen aproximadamente a los siete días, dos más tarde que la aparición de síntomas, por lo que este tipo de diagnóstico no es tan efectivo al principio de la infección. En este caso, el kit reconoce las igM que se han generado específicamente contra el coronavirus.

- Los anticuerpos de tipo IgM son marcadores de infección reciente y se detectan en un 90 % de los casos entre los días 4 a 7 de la infección, siguen aumentando hasta el día 14 y luego empiezan a disminuir.

- Los anticuerpos de tipo IgG se detectan algo más tarde (de media el día 8 post infección), y aumentan hasta las 3 semanas, aproximadamente.

Los tests serológicos se basan en la detección indirecta del virus, a través de la medida específica de los anticuerpos generados por el propio organismo de la persona infectada. Ante el ataque de organismos ajenos (como los agentes infecciosos víricos) el sistema inmune humano responde desencadenando la producción de anticuerpos que conferirán cierta inmunidad ante posteriores reinfecciones (en un mecanismo análogo al que desencadenan las vacunas).

No es necesario que la infección esté activa, es decir, que el virus este todavía presente en el organismo infectado, por lo que es útil no solo como método de diagnóstico, sino también en estudios epidemiológicos, pues permite medir los niveles de anticuerpos con el tiempo.

Se puede diferenciar entre distintos tipos de anticuerpos que se producen en las distintas etapas de la infección:

- inmunoglobulinas M (IgM) que se generan al principio, y representan un proceso de infección aguda
- inmunoglobulinas G (IgG), más abundantes, indicativos de infección primaria o que aparecen como respuesta a la fase aguda de infecciones secundarias.

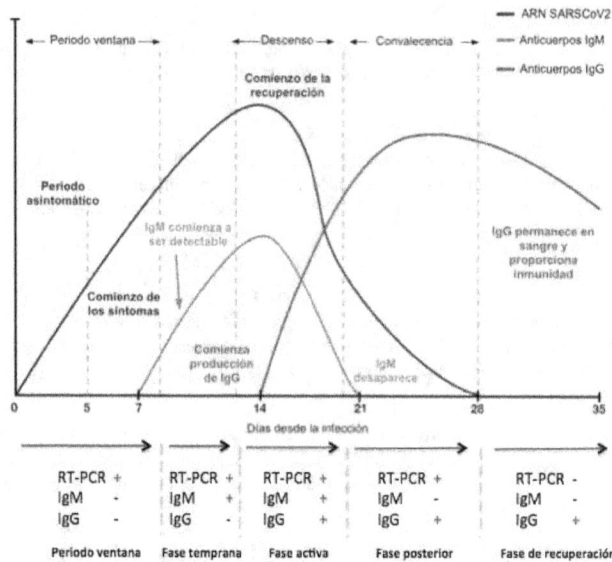

En definitiva, los tests serológicos pueden proporcionar información valiosa respecto a una infección activa o a un contagio previo. Puede ser por tanto una herramienta de diagnóstico masivo, especialmente importante en SARS-CoV-2, donde hay un número muy elevado de pacientes asintomáticos y el periodo de incubación parece indicar que puede alargarse hasta aproximadamente 14 días antes de la aparición de síntomas.

Los anticuerpos generados por el organismo suelen tener como diana, determinantes antigénicos clave en el agente patógeno, por ejemplo, las proteínas estructurales del virus.

En estos tests, se pone en contacto el suero del paciente con los antígenos del virus de manera que la presencia de anticuerpos en el suero es detectada.

Los pasos necesarios a llevar a cabo en los tests serológicos son:

A) Colección de muestra de paciente. En este caso, extracción de sangre (y separación del suero, en algunos casos).

B) Transferencia directa al test (que contiene antígenos del virus) y lectura de la respuesta (visual generalmente) al cabo de pocos minutos en la zona de captura o detección.

Si el resultado es positivo indica la presencia de inmunoglobulinas, es decir, la persona ha estado expuesta al virus, pero puede ser una infección activa o pasada. Para saber si la infección está activa o ya ha pasado, estudiaremos los tipos de inmunoglobulinas: IgM o IgG.

- IgM negativo: no hay contacto con el virus actualmente (puede haber habido contacto anteriormente).
- IgM positivo: infección en fase aguda.
- IgG negativo: no ha habido contacto con el virus o bien el contacto es reciente y aún no hay respuesta secundaria.
- IgG positivo: infección en el pasado (no aguda); la persona estaría inmunizada.

PCR	IgM	IgG	Significado clínico
-	-	-	Negativo
+	-	-	Fase precoz de la infección
+	+	-	Fase aguda
+	+	+	Fase aguda más evolucionada
+	-	+	Fase final de la infección
-	+	-	Estadio temprano con falso negativo (PCR para confirmar)
-	-	+	Infección pasada
-	+	+	Enfermedad en evolución (PCR para confirmar)

RT-PCR - / Ac -	no infectado, no inmune
RT-PCR + / Ac -	infectado, no inmune
RT-PCR + / Ac +	infectado, inmune
RT-PCR - / Ac +	recuperado, inmune

IgM - / IgG -	no inmune
IgM + / IgG -	infección aguda
IgM + / IgG +	infección aguda
IgM - / IgG +	infección pasada

Gracias a estas herramientas rápidas se podrá mejorar el cribado en la población y limitar los ensayos de PCR sólo a aquellos pacientes que, con sintomatología, den un resultado negativo mediante los test rápidos. Esto permitirá liberar profesionales y recursos en el Sistema Nacional de Salud.

Las pruebas rápidas analizan una muestra de saliva, frotis nasal o punción capilar y su resultado está en 10-15 minutos

Existen dos tipos de pruebas, las pruebas directas que son las que detectan el genoma o material genético del virus y/o sus proteínas, y las pruebas indirectas que son las que detectan los anticuerpos (saber si nuestro organismo ha estado en contacto con el virus, aunque ya no esté presente).

- Fase inicial: el proceso infeccioso comienza cuando el virus entra en nuestro organismo y se replica utilizando nuestras células. En esta fase inicial, el virus se puede detectar a través de muestras biológicas como el frotis nasofaríngeo y el aspirado de secreciones.

- Fase de desarrollo: unos días más tarde, nuestro organismo reacciona ante la invasión por el virus produciendo anticuerpos (inmunoglobulinas). Existen diferentes tipos de anticuerpos que nos permiten conocer el estado evolutivo de la infección:

Las primeras en aparecer son las inmunoglobulinas IgM, cuya presencia indica que la infección está en fase aguda y que el virus está en nuestro organismo. Posteriormente aparece la respuesta inmune secundaria con la producción de anticuerpos IgG.

Hay un momento de solapamiento entre las IgM y las IgG e inmediatamente después bajan las IgM y suben las IgG quedando finalmente sólo las IgG. Esto significa que se ha vencido la infección y estamos inmunizados. Si tenemos anticuerpos IgG es un indicador de que nuestro organismo ha contactado con el virus, es decir, hemos sido infectados.

	Control +	Control -	
Test +	verdaderos positivos	falsos positivos	total positivos
Test -	falsos negativos	verdaderos negativos	total negativos
	total enfermos	total sanos	total pacientes

El Test Rápido de Anticuerpos contra el SARS-CoV-2 se empezó a usar en julio de 2020, ayudando a identificar a los pacientes que han desarrollado anticuerpos contra el SARS-CoV-2, indicando una infección previa.

Suelen estar fabricados en materiales adsorbentes (como derivados de celulosa) y contienen ya adsorbidos distintos reactivos (como por ejemplo anticuerpos) que cuando entran en contacto con la sustancia diana a detectar, conducen a un cambio generalmente visual y detectable directamente a ojo (cambio de color en la zona de detección).

Los pasos necesarios para realizar el test de detección de virus son:
A) Colección de la muestra del paciente (también en este caso muestra nasofaríngea por contener mayor cantidad de virus)
B) Mezcla con solución reactiva (generalmente anticuerpos específicos contra algún antígeno viral)

C) Transferencia directa de unas gotas de la mezcla en la tira reactiva y lectura de la respuesta (visual generalmente) al cabo de pocos minutos en la zona de captura o detección.

Hay varias empresas biotecnológicas centradas en el desarrollo de tests rápidos basados en este principio de detección.

Es importante destacar que algunos tests rápidos usan versiones avanzadas que contienen reactivos que amplifican la señal (como nanopartículas), sin añadir complejidad al test de detección, lo que en teoría permitiría mejorar la sensibilidad total. Por otro lado, hay empresas que desarrollan tests rápidos que combinan la tira reactiva con una lectura más precisa que la que puede obtenerse a ojo, mediante un scanner de lectura (o dispositivo óptico) y que conduce a una mejor sensibilidad, y puede ofrecer valores cuantitativos.

Las técnicas inmunoquímicas pueden ser también llevadas a cabo en laboratorios centralizados, como por ejemplo los inmunoensayos enzimáticos o luminiscentes convencionales tipo ELISA, que en general ofrecen resultados más fiables, reproducibles y sensibles y pueden ser automatizados.

Por otro lado, de manera análoga a la detección de material genómico, los dispositivos biosensores también se pueden emplear para la detección del virus, inmovilizando anticuerpos específicos a los antígenos del virus en la superficie del sensor.

Adaptando esta tecnología, se pueden solventar problemas relacionados con la sensibilidad limitada (y en consecuencia la presencia de falsos negativos), así como proporcionar valores cuantitativos, es decir determinar la carga viral en la muestra(especialmente útil para seguir la evolución de la enfermedad), todo ello sin prolongar el tiempo de análisis

VIII

ELISA

Detección de anticuerpos de tipo IgM e IgG frente al COVID-2019 (SARS-CoV-2) mediante el test de referencia (ELISA/Quimioluminiscencia): Inmunoensayo cuantitativo.

La sensibilidad y especificidad del test es cercana al 100%.

La prueba de detección de anticuerpos de tipo IgM e IgG frente el COVID-19 mediante el inmunoensayo NO es la prueba rápida o test rápido de detección de anticuerpos.

ELISA es una prueba serológica para detectar anticuerpos provocados por la infección por el coronavirus SARS-CoV-2. Estas pruebas permiten detectar la presencia de anticuerpos en la sangre de los pacientes con una elevada sensibilidad (detecta a los verdaderos positivos. Una alta sensibilidad tiene pocos falsos negativos) y especificidad (detecta a los verdaderos negativos. Una alta especificidad tiene pocos falsos positivos).

Enzyme-linked immunosorbent assay, o lo que es lo mismo, ensayo por inmunoabsorción ligado a enzimas (ELISA) es una técnica para detectar anticuerpos en la sangre cuando ya se ha producido una reacción inmune de patógeno.

las muestras de paciente suele ser de suero. La toma de muestra es a través de una extracción sanguínea convencional y no es necesario acudir en ayunas. Para la extracción de sangre es mejor que coincida con un pico de fiebre.

Lo que diferencia las técnicas como las de ELISA de las pruebas rápidas es que estas últimas se suelen hacer de forma rápida pinchando un dedo, no necesitan un aparataje. Los test rápidos tienen un porcentaje de falsos positivos y falsos negativos más alto que una prueba de ELISA.

Las pruebas ELISA no son rápidas, se necesita un aparataje para realizarlas.

Se trata de una técnica de laboratorio que fue diseñada por científicos suecos y holandeses en 1971, que permite detectar pequeñas partículas llamadas antígenos, que habitualmente son fragmentos de proteínas. La identificación es específica, es decir, consigue que pequeños segmentos de proteínas destaquen y no puedan ser confundidas con otras.

Para poder identificar los antígenos se utilizan moléculas con dos componentes acoplados: un anticuerpo (que se une al antígeno de forma específica) y una enzima (que se activa y señala la unión al antígeno). Antes del descubrimiento del ELISA se utilizaban moléculas radioactivas en vez de enzimas, lo que suponía un riesgo añadido innecesario en el laboratorio y un mayor coste.

Gracias a esta técnica se han podido realizar estudios científicos en campos como la biología, la bioquímica y la medicina. En el hospital se utiliza principalmente para identificar gérmenes agresores que se encuentran en la sangre, orina, esputos, etcétera. La técnica pronto se generalizó con el empleo de equipos simples y muy baratos que se utilizan todavía hoy en muchos centros diagnósticos de todo el mundo.

Entre otras, este tipo de prueba serológica, se usa por ejemplo para la detección o diagnóstico del COVID-19, ya que es capaz de detectar anticuerpos en la sangre cuando ya se ha producido una reacción inmune al patógeno.

Las muestras de suero para serología (dos muestras) sólo se realizarán tras la confirmación con PCR positiva para COVID-19. La serología es útil para la confirmación de la respuesta inmune a la infección por coronavirus. La primera muestra debe recogerse a partir del día 7 desde el inicio de síntomas (fase aguda) y la segunda muestra 20-30 días después.

Los diferentes tipos de ELISA son:

- ELISA directo: es la forma más básica de realizar la técnica. Consiste en recoger una muestra a estudiar y ponerla en un pocillo (un recipiente pequeño) en frente de una muestra igual pero contaminada con el germen a estudiar, y otra muestra en la que se sabe que no hay germen. Se aplica el anticuerpo con la enzima en los tres pozos y se compara la muestra a estudio con las otras dos.

- ELISA indirecto: se realiza de forma similar al ELISA directo, pero en este caso se añade primero un anticuerpo sin enzima y después uno con enzima. De esa forma, la señal que emite el enzima es mucho más potente y la prueba es más sensible.

- ELISA *sándwich*: en este caso en los pocillos primero se añade un anticuerpo y después la muestra, para que los antígenos queden ya retenidos en el fondo del pozo. Después se añade el anticuerpo con la enzima. Es la forma más eficaz de realizar la prueba.

- ELISPOT: se trata de un tipo de ELISA que permite conocer de forma cuantitativa el antígeno, incluso identifica el número concreto de células donde se encuentra.

63

A veces el antígeno a estudiar puede ser otro anticuerpo. Esta situación se da, por ejemplo, el caso del coronavirus SARS-CoV-2, entre otros.

Pasos a seguir:

- Se deposita la muestra recogida en bandejas con pequeños pozos. Al lado habrá pozos para muestras que se sepan que están contaminadas y libres de antígenos conocidos.

- Una vez depositada la muestra se añaden los anticuerpos que detectan los antígenos si los hay. En el otro extremo de los anticuerpos hay enzimas acopladas.

- Se realiza un lavado de los pocillos; así se eliminan los anticuerpos que no estén unidos a antígenos.

- Se añade un sustrato, es decir, una sustancia química que reacciona con las enzimas de los anticuerpos que queden. Al reaccionar se forman metabolitos.

- Por último, se mide la cantidad de metabolito que hay mediante diferentes técnicas, como la espectrofotometría.

Es un test cualitativo indirecto que permite detectar los anticuerpos producidos tras el contacto con el virus. Tampoco es inmediato, ya que se analiza en el laboratorio.

BIBLIOGRAFIA

- ESTRATEGIA DE DETECCIÓN PRECOZ, VIGILANCIA Y CONTROL DE COVID-19Actualizado 25de septiembre de 202 ICIII
- Documento técnico Toma y transporte de muestras para diagnóstico por PCR de SARS-CoV-218 de mayo de 2020COORDINACIÓN: Centro de Coordinación de Alertas y Emergencias Sanitarias. Dirección General de Salud Pública, Calidad e Innovación
- https://www.vircell.com/enfermedad/43-sars-cov-2/
- SARS-CoV-2 y COVD19: CARACTERÍSTICAS, DIAGNÓSTICO, TRATAMIENTO Y PREVENCIÓNM. de los ANGELES CALVO TORRAS
- https://bvsalud.org/vitrinas/wp-content/uploads/2020/04/26032020_REE_Coronavirus-2019_final..pdf
- https://www.quironsalud.es/es/pruebas-deteccion-coronavirus-covid-19
- Gaceta Médica 7 septiembre 2020
- espanol.arthritis.org/espanol/salud-y-vida/su-cuerpo/sistema-inmunologico/
- www.mscbs.gob.es/profesionales/saludPublica/ccayes/alertasActual/nCov/documentos.htm
- www.mscbs.gob.es/profesionales/saludPublica/ccayes/alertasActual/nCov/documentos/ITCoronavirus.pdf
- www.mscbs.gob.es/profesionales/saludPublica/ccayes/alertasActual/nCov/documentos /INTERPRETACION DE LAS PRUEBAS.pdf
- www.mscbs.gob.es/profesionales/saludPublica/ccayes/alertasActual/nCov/documentos.202005018 Toma muestras.pdf
- ESTRATEGIA DE DETECCIÓN PRECOZ, VIGILANCIA Y CONTROL DE COVID-19Actualizado 25de septiembrede 2020
- https://www.kalstein.co/como-funciona-un-equipo-de-electroforesis/
- Método: Gel de electroforesis Agarosa, Alberto Checa Rojas Ciencias naturales > Ciencias biológicas > Biomedicina | Bioquímica y biologia molecular | Biotecnología | Genética | Genómica 15 septiembre, 2020
- Alberto Checa Rojas. (2017). Método: Gel de electroforesis Agarosa. 2020, Octubre 11, Conogasi.org Sitio web: http://conogasi.org/articulos/metodo-gel-de-electroforesis-agarosa/
- David Saceda Corralo, Médico Interno Residente, especialista en Dermatología Medicoquirúrgica y Veneorología. Qué es la técnica ELISA,15 de junio de 2020

ÍNDICE

1

1